像莎士比亚一样思考
创造力教育的历史之镜

How to Think Like Shakespeare：
Lessons from
a Renaissance Education

[美] 斯科特·纽斯托克（Scott Newstok） 著

张素雪 译

教育科学出版社
·北京·

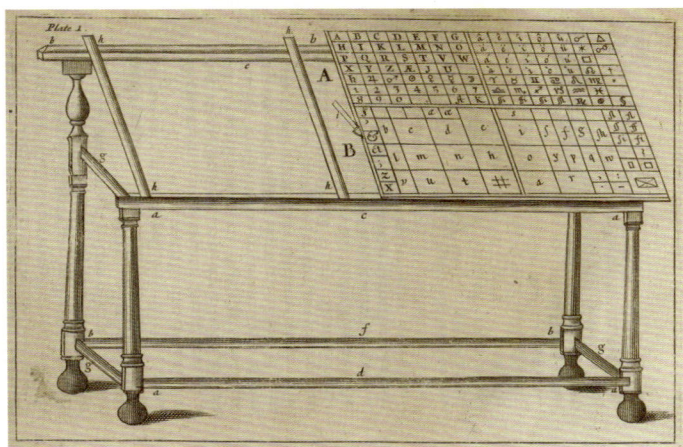

图 1 约瑟夫·默克松，《机械训练，或手工技艺正统：在印刷术中的应用》，第
一版，伦敦，1683 年。波士顿公共图书馆珍本及手抄本部藏，编号：G.676
M87R v.2。
Joseph Moxon, *Mechanick exercises, or, The doctrine of handy-works: applied
to the art of printing*, plate 1 (London: 1683). Rare Books and Manuscripts
Department, Boston Public Library, G.676 M87R v. 2 (public domain).

图 2　约翰·泰勒，《疯狂的时尚，奇怪的时尚，时尚的一切，或这些恍惚时代的铭图》，伦敦：约翰·哈蒙德出版社，1642 年。
John Taylor, *MAD FASHIONS, OD FASHIONS, All out of Fashions, OR, The Emblems of These Distracted Times* (London: John Hammond, 1642).

图 3　伦勃朗,《基督与犯奸淫的人》(约 1650 年)。斯德哥尔摩国家博物馆 (摄影:
　　　汉斯·拓维德)。
　　　Rembrandt, *Christ and the Adulteress*, c.1650, Nationalmuseum Stockholm (Photo:
　　　Hans Thorwid) (public domain).

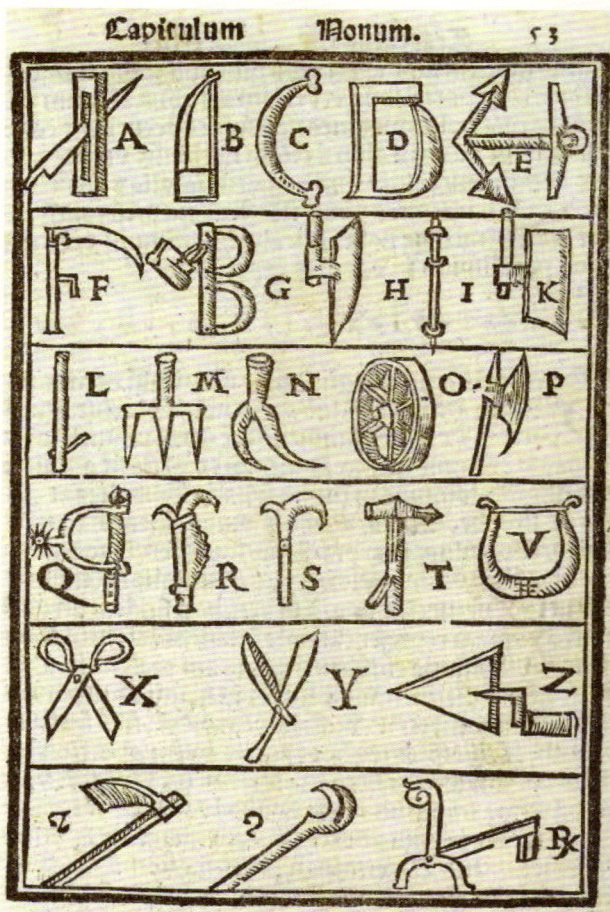

图 4　视觉性字母表，摘选自约翰奈斯·霍斯特·冯·龙伯希的《记忆的收集技巧》
（1533 年）。珍本室，纽约公共图书馆。
Visual alphabet, from Johannes Host von Romberch's *Congestorium Artificiose Memorie* (1533), Rare Book Division, The New York Public Library.

图 5 亚兰·沃伦摄影作品，詹姆士·鲍德温与一尊莎士比亚像，1969 年。
James Baldwin with a statue of William Shakespeare, 1969. Courtesy of Allan
Warren/CC BY-SA 3.0.

图 6　瓜特威特洞穴岩画"生命之树",呈现了男性和女性的手印,卢克－亨利·费奇,婆罗洲,《洞穴回忆》,1999 年。

Gua Tewet with its "Tree of life," displaying hand stencils of men and women; from Luc-Henri Fage, Borneo, *Memory of the Caves* (1999). Creative Commons CC.

莎剧名中英对照表

《终成眷属》	All's Well That Ends Well*
《仲夏夜之梦》	A Midsummer Night's Dream
《安东尼与克里奥佩特拉》	Antony and Cleopatra
《皆大欢喜》	As You Like It
《科利奥兰纳斯》	Coriolanus
《辛白林》	Cymbeline
《哈姆雷特》	Hamlet
《亨利四世 上》	Henry IV, part 1
《亨利四世 下》	Henry IV, part 2
《亨利五世》	Henry V
《亨利六世 上》	Henry VI, part 1
《亨利六世 中》	Henry VI, part 2
《亨利六世 下》	Henry VI, part 3
《亨利八世》	Henry VIII
《该撒遇弒记》	Julius Caesar
《约翰王》	King John
《李尔王》	King Lear
《爱的徒劳》	Love's Labour's Lost
《麦克白》	Macbeth

---

* 《终成眷属》是这部剧作的常见译法。梁实秋先生将它译为《皆大欢喜》，但更多译者将 As You Like It 译为《皆大欢喜》。在本书中出现的《皆大欢喜》均指后者。

《量罪记》	Measure for Measure
《无事生非》	Much Ado About Nothing
《奥赛罗》	Othello
《泰尔亲王佩力克里斯》	Pericles, Prince of Tyre
《理查二世》	Richard II
《理查三世》	Richard III
《罗密欧与朱丽叶》	Romeo and Juliet
《错误的喜剧》	The Comedy of Errors
《威尼斯商人》	The Merchant of Venice
《快乐的温莎巧妇》	The Merry Wives of Windsor
《驯悍记》	The Taming of the Shrew
《暴风雨》	The Tempest
《维洛那二士》	The Two Gentlemen of Verona
《两贵亲》	The Two Noble Kinsmen
《冬天的故事》	The Winter's Tale
《雅典的泰门》	Timon of Athens
《泰脱斯·安特洛尼格斯》	Titus Andronicus
《特洛伊罗斯与克瑞希达》	Troilus and Cressida
《第十二夜》	Twelfth Night or What You Will

　　若非另行说明，本书中莎剧引文及专有名词中译名，主要参照《莎士比亚全集（中英对照）》，梁实秋译，中国广播电视出版社，远东图书公司，2002年；以及《莎士比亚戏剧全集》，朱生豪译，民主与建设出版社，2016年；并参考《莎士比亚全集（英汉双语本）》，辜正坤等主编，外语教学与研究出版社，2015—2016年。

［他］难道没有脑子吗？……

他难道一点都不会思考吗？

他的脑子一定睡着了——

他就算长了它们也不会去用的！

——威廉·莎士比亚

《快乐的温莎巧妇》第三幕第二场

目 录

为了不占用诸位的宝贵时间，使各位无须每页都读，特附上……各部目录。您可以此法告知他人，使其亦无须从头至尾通读各部，而只根据所需寻找他们要读的章句，并清楚在何处可以找到。

——老普林尼（Pliny the Elder），《自然历史》（*Natural History*），约公元 77 年

往昔可作序[1]

> ［莎翁作品中］几乎随处可见彻底剖析人类思想后才能收获的理解。
>
> ——伊丽莎白·格里菲斯（Elizabeth Griffith），《图解莎剧中的道德观》（*The Morality of Shakespeare's Drama Illustrated*, 1775）

在这本书中短短的——有意言简意赅的——十四个章节里，我探究的是决定思维的各个方面，以及如何提升思考的能力。作为一名教师和一个学生家长，现代人关于思考的想法已经令我无比沮丧。虽然我是因为沮丧才开始写这本书的，但我也相信莎士比亚的思维习惯就像一面镜子，可以帮助我们看清当下的教育信条。

如今的时代充斥着对教育的焦虑感。教育的目的是什么？谁应该受教育？它应当发生在何时何地？如何测评它的效果？教育能让人找到工作吗？以及，又贵又费时间的教育到底值得吗？

我们的种种焦虑来自许多急切的需求，并流向社会的各个领域。在这背后是一种令人担忧的模糊的教育概念。

我坚信教育的本质是教人思考，而不是使人学会一套特定技能的培训。

教育不是简单的数据积累。机器能比人记住更多的数据，同时犯更少的错误。（阿尔伯特·爱因斯坦［Albert Einstein］："教育的价值……不是识记事实［facts］，而是教会头脑思考那些书本上学不到的东西。"）[2]

教育也绝不仅仅是套用公式。机器可以高速完成的复杂运算远非人脑所能及。（尼尔斯·波尔［Niels Bohr］："不，不，……你根本没有在思考；你只是在跟着逻辑走。"）[3]

思考，这难以捕捉又至关重要的人类活动，不同于上述任何行为。若说人类有哪项"应用程序"是至关重要的，则非思考莫属。反观此题，人类若不能培养思考的能力，就难免走向灭亡。面对着威胁人类生存的环境问题，移民问题，伺机而生的集权主义，以及幽幽逼近的人工智能，一个亟需广泛播撒思考种子的荒凉世界已经暴露无遗。

谁能比威廉·莎士比亚更好地示范一个全副武装的头脑呢？我们几乎能够看见……他完成思考的全过程[4]。这就是《像莎士比亚一样思考》的目标。它不仅包含了对思考的探索，也重现了思考本身，因为妙处尽在过程中[5]。

由于哺育了莎翁之头脑的教育建立在与我们的教育相矛盾的一些假设之上，本书包含对这些假设的探讨。

诚然，搭建通往十六世纪的桥梁来医治今日教育的弊端，这似乎有南辕北辙之嫌。[6]要是本书的读者每日清晨六点就得端坐在书桌前，想必诸君也得像蜗牛一般缓缓地向学校挪着不情愿的步子。那么你们当中又有几位希望因为迟到而挨打呢？怎么——一个也没有吗？好吧，那练习翻译拉丁语如何呢？……连着做十二个小时怎么样？……那每周做六天呢？……而且没有暑假？所以怪不得上学终于结束的时候你们匆匆赶回［各自的］家。

这样的教育不仅讨厌、残忍，而且是漫长的。嘲笑它的，其中就有莎士比亚本人！无论是怒气冲冲的霍罗芬斯（the huffing Holofernes）、啰啰唆唆的杰拉尔德（the garrulous Gerald），还是校长休·伊万斯（Hugh Evans）（他那重复说"威廉……威廉"［William... William］的老腔是《春天不是读书天》中本·斯坦［Ben Stein］的"布勒……布勒"［Bueller... Bueller］的前身*），莎剧中的老师都是专断迂腐之人，脑子里塞满了书本中读来的理论。连普罗士

---

　　* 《春天不是读书天》（Ferris Bueller's Day Off）是一部美国影片，菲利斯·布勒是逃学高手，在测验的日子伪装重病，带女友和凯伦在校外兜风，一次次骗过围追堵截的训导主任。而本·斯坦是片中的一个喜剧性角色，一位沉闷无趣的经济学老师。在点名时他不断用无感情的、单调的语气重复布勒的名字，而后者的座位明明空着。（本书的脚注均为译者注。原著注解在各章末尾。）

丕罗（Prospero，《暴风雨》中的主角）也悔恨自己因沉溺于人文艺术（the liberal arts）而忽略了世俗功用。[7]

若是你想设计出与当下主流的以学生为中心、注重实效性、以科学技术工程数学学科为主力（STEM-driven）的学校更不同的教育系统，就得绞尽脑汁。更何况，十六世纪的教育将女性、穷人，以及文化少数群体排除在外，这有悖于我们的共识："真理必是普世而皆准的。"[8]"我们不需要只取悦一部分人的艺术，或是只为一部分人服务的教育，或是只属于一部分人的自由。"[9]

有必要澄清的是，我并不提倡重新实行体罚制度，或是死记硬背的学习方法，或是将任何人排除在外的学校教育。"思考的能力是所有人共同的财富。"[10]

然而，只有心胸狭隘者才会称莎士比亚的教导不过是一种压迫而弃之不用。那些同样被这种教育体系培育出的思考者后来提出了足以改变世界的洞见，建立了各种知识形式——不错，包括科学方法本身——这些直到今日仍在影响我们的生活。这种看似刻板的教程却启发了自由的思考。况且，现代人受制于各种自造之偶像："我们的教育体系在本该因势利导之处刻板严厉，而在本应严肃规范之处却松松垮垮，马马虎虎。"[11]

像莎士比亚那样思考可以帮助我们梳理许多使人疑惑的——说白了，根本就是"错误的"[12]——教育二元对立论。如今，我们的教育方法仿佛建立于以下似是而非的假设之上：工作与游戏互不相容；模仿阻碍创造性；传统扼杀自主性；限制影响了创新；纪律与自由背道而驰；往昔及外国的经验，与当代和本国的经验泾渭分明。

莎士比亚的时代以暴露这些被广传的悖论为乐：游戏来自工作，创造出自模仿，自主源于传统，创新始于限制，自由生于纪律。[13] 我认同这样一种反对派的观点：想要成为政治的进步者，则必须先成为教育的保守者。保存时间流传给我们的种子，使当下更为丰富——可以称之为传承式教育：

> 如人所言，故土之中，
> 年复一年，新谷发生，
> 此言不虚，旧书之中，
> 新知无数，学以致用。[14]

以下十四章考量莎翁世界（和作品）里的一些教训，对应现代的相似理念，提出后续阅读的建议。在此仅提炼出这一类思考的原材料，就好像一本随性的烹饪菜谱。

正因"教育始于对文字的探究"[15]，为了讨论这一最富于内涵的人类探索活动，在考量的过程中我们需要不时停驻，思考某个关键词的语义历史，才有可能弥补现今语汇贫瘠的缺陷。引用一位十七世纪教育家发人深省的话来说，有了更加生动而丰富的词汇，我们就能搭建更好的教

育平台 [16]。这个平台不仅售卖各色物品，也应能提升我们："我在此处建造平台，而后栖居台上，而后高瞻远瞩，深谋远虑。" [17]

整本书就像是"用无数零零碎碎的思考和观察拼接而成的长卷" [18]，或是用发人深省的一些段落组合而成的选摘文集 [19]。预先提醒诸位：就像诗人荷马常说的，引言来得"如想法一般迅速" [20]。要像莎士比亚那样思考，就得带着他人的收获去思考 [21]。因而我常常借用别人的话。而且我恨不得这不拘一格的和声能使"别人因我而聪明" [22]。

这本书中尽是老话重提。不过，"凡是值得思考的都是早已经被思考过的"，这话不假；"我们还得从头再想一回"，这话也不假。[23] 不仅是思考——还要对着我们的时代重申："我们已经堕落到如此地步，以至于首要任务就是重申那显而易见的事。" [24]

有些想法在不同章节中反复被论述，因为我相信"思想并不向着一个方向前行；不同时期的想法像织壁毯一样交织成画" [25]。若是过于直截了当，就对不起"我们那位脑袋里装着大千世界的莎翁" [26] 了。

至于为什么不多不少恰有十四章呢？用李尔王的话说："因为没有第十五个了。"（第一幕第五场第 31 行）换句话说，作者就是这么决定的！

不过，既然生活在文艺复兴时期的人对数字阐释有特别的热爱，咱们不妨看看有哪些与这个数相关的巧合

（详见第四章，"合宜"）。正所谓无巧不成书，十四行诗（sonnet）恰有十四行诗句（详见第十二章，"约束"），"预热练习法"（Progymnasmata）共有十四个阶段（详见第九章，"练习"），而美国宪法中公民权的定义可以在第十四修正案（The Fourteenth Amendment）中找到（详见第十四章，"自由"）。

当年，一个十四岁左右的学生（详见第一章，"思考"）刚刚抄写完范文（第八章，"模仿"），准备离开文法学校（第五章，"场所"）去建造他自己的知识仓库（第十一章，"储备"）。这也是一个人成为学徒（第三章，"手艺"）或是开始工作（第十三章，"制造"）的年纪。对女子而言，这个年纪标志着长大成人（第二章，"目的"），我们也记得朱丽叶"而今犹未度尽十四年寒来暑往"[27]，或是配力克尔斯十四年后才与他的女儿玛琳娜重逢（第十章，"谈话"）。

古希腊数学家阿基米德（第七章，"技术"）发明了一种叫做"十四巧板"的玩具，玩的人可以把十四块碎片拼出"无穷的变化"[28]，同时可以训练记忆力（第六章，"专注"）。很多宗教传统都认为十四这个数字很重要：耆那教徒相信灵修有十四层级；天主教徒认为耶稣走向十字架的路上有十四个重要事件；犹太人的逾越节宴席共包含十四个仪式。

关于"十四"还有个耸人听闻的故事，传说埃及的奥西里斯神被他的同胞兄弟杀死并分尸成十四块，丢弃在许多地方。约翰·弥尔顿把这则屠夫神话改写成寓言故事，来比喻重建思想的烦琐过程：

> 自那时以来，真理的朋友们满怀忧惧地寻找他的下落，就像奥西里斯的妻子四处搜寻她丈夫那散落四处的肢体，一块一块地收集，直到全部找回才肯罢休。

弥尔顿不得不承认："我们还没有找到全部……而且永远不能。"[29]

所以我们更需要多多探究"如何思考"这个问题。

ᗘᗙᐧ 注释 ᐧᗘᗙ

1　这一部分的标题"往昔可作序"（The Past Is Prologue），取自《暴风雨》（第二幕第一场第 246 行）【译注：朱生豪先生译为"以往的一切都只是个开场的引子"。】——但是读者们请注意：在原文的语境中，这句话的本意是鼓动人谋杀！若非另行注明，本书中所有莎剧的引文都出自史蒂芬·格林布勒等（Stephen Greenblatt et al.）编的《诺顿莎士比亚全集》，第三版，诺顿出版社（Norton），2016 年。

2　根据爱因斯坦的传记，这是爱因斯坦在 1921 年反驳托马斯·爱迪生（Thomas Edison）时所说的话，他嘲笑大学"无用"。菲利普·弗兰克（Philipp Frank），《爱因斯坦：他的一生与他的时代》（*Einstein: His Life and Times*），乔治·罗森（George Rosen）译，日下修一（Shuichi Kusaka）编，克诺夫出版社（Knopf），1947年，第185页。

3 根据奥托·罗伯特·弗里希（Otto Robert Fisch），《仅剩的回忆》（*What Little I Remember*），剑桥大学出版社（Cambridge University Press），1979年，第95页。

4 E. E. 柯勒特（E. E. Kellett），《关于一个莎士比亚文风特点的注解》（Some Notes on a Feature of Shakespeare's Style），《论题》（*Suggestions*），剑桥大学出版社（Cambridge University Press），1923年，第57-78页。我承认我是在另一本书里读到这句话的：米利安·约瑟夫修女（Sister Miriam Joseph），《莎士比亚的语言艺术》（*Shakespeare's Use of the Arts of Language*，1947），保罗·德莱图书公司（Paul Dry Books），2008年，第169页。这本书今天读来仍然精彩。作者的另一部著作，1948年出版的《三艺》（*The Trivium*）也仍是珍品。

5 《特洛伊罗斯与克瑞希达》（第一幕第三场第265行）。

6 这一表述取自尼尔·波兹曼（Neil Postman）的《建造通向十八世纪的桥梁》（*Building a Bridge to the Eighteenth Century*，2011）。他的《娱乐至死》（*Amusing Ourselves to Death*，1985），我还是青年人的时候就在杜鲁斯市公共图书馆读到过，那时没有一本书能让我如此心神不定。波兹曼的《教育之终》（*The End of Education*，1996）仍然是所有以预言灾祸为标题的书中我最赞赏的一部。

7 咻！这一句里面出现了不少作品中的话：《皆大欢喜》（第二幕第七场第144-146行）；《亨利四世 下》（第四幕第二场第271-272行）；《快乐的温莎巧妇》（第四幕第一场第14-64行）；《爱的徒劳》（第三幕第一场第163行）；《奥赛罗》（第一幕第一场第22行)；《暴风雨》（第一幕第二场第73、89行）；

《爱的徒劳》（第一幕第一场第 163 行）。

8　玛丽·弗斯通克拉夫（Mary Wollstonecraft），《致谢》（Dedication），《女性权利宣言》（*A Vindication of the Rights of Woman*），詹姆斯·摩尔图书公司（James Moore），1793 年，第 vi 页。

9　威廉·莫里斯（William Morris），《小艺术》（The Lesser Arts），《艺术的希望与惧怕》（*Hopes and Fears for Art*，1877），朗曼出版社（Longman），1930 年，第 35 页。

10　赫拉克利特（Heraclitus），"ξυνον εστι παδι το φρονεειν"（希腊原文），引自苏源熙（Haun Saussy），《文化宫殿内幕一览》（A Backstage Tour of the Palace of Culture），《人文学科史》（*History of Humanities*）第 4 卷，第 1 期（2019 年春），第 62 页。

11　这句话虽是阿尔弗雷德·诺斯·怀特海（Alfred North Whitehead）一个世纪以前写下的，今天听来却像是在说现代的教育。《教育的目的》（*The Aims of Education*，1916），自由出版社（The Free Press），1967 年，第 13 页。

12　托马斯·潘恩（Thomas Paine）在 1776 年如是说："若长时间不去思考某个错误，它就会看起来像正确的一样。"《老生常谈及其他作品集》（*Common Sense, and Other Writings*），戈登·伍德（Gordon Wood）编，现代文库出版社（Modern Library），2003 年，第 5 页。

13　珍妮特·温特森（Jeanette Winterson）甚至说"没有纪律等于没有自由"。《小说创作十规（二）》（Ten Rules for Writing Fiction, Part Two），《卫报》（*Guardian*），2010 年 2 月 19 日。

14　米迦拉社区大学（Michaela Community College）女校长凯特琳·波巴森（Katharine Birbalsingh）在 2012 年"学无边境"大会上所说。《麦克白》（第一幕第三场第 59 行）；杰弗里·乔叟（Geoffrey Chaucer），《百鸟议会》（*The Parliament of Fowls*)第 1 节第 22–25 行,以及哈佛法学院的现代英语引文,和英国律师爱德华·库克(Edward Coke)最爱引用的一句话。

15 安提斯泰尼(Antisthenes),《作家的艺术》(*Artium scriptores*),L. 拉德马赫(L. Radermacher)编,B.19.6。

16 查尔斯·胡乐(Charles Hoole),《引导者的责任:黎里拉丁文法教学平台》(*The Usher's Duty; or, a Platform of Teaching Lily's Grammar*),1637 年。

17 玛丽·奥利弗(Mary Oliver),《漫漫人生》(*Long Life*),达·卡波出版社(Da Capo Press),2004 年,第 90 页。

18 让 – 雅克·卢梭(Jean-Jacques Rousseau),《爱弥儿》(*Emile, or On Education*),1762 年。

19 这句话也不新鲜——听听蒙田(Michel de Montaigne)是怎么说的吧:"我从别人的花园里采集了一束花,只有把它们束起的那条丝线是我自己的。"原文出处:《论观相术》(Of Physiognomy),《蒙田散文集》(*Essays of Michel de Montaigne*)。引自威利斯·高斯·莱吉尔(Willis Goth Regier),《引文学》(*Quotology*),内布拉斯加大学出版社(University of Nebraska Press),2010 年,第 107 页。莱吉尔注解称,约翰·巴特莱特(John Bartlett)对这句话爱不释手,并用它做了《耳熟能详的引语》(*Familiar Quotations*)第四版(里特尔与布朗出版公司 [Little, Brown and Company],1863年)及以后诸版的题词。

20 汉娜·阿伦特(Hannah Arendt),《思考及道德的考量》(Thinking and Moral Considerations),《社会研究》(*Social Research*)第 38 卷,第 3 期(1971 年秋),第 431 页。

21 圭德林·布鲁克斯(Gwendolyn Brooks),《保罗·罗伯森》(Paul Robeson),《家庭画册》(*Family Pictures*),街头莲花出

版社（Broadside Lotus Press），1971 年，第 19 页。

22 《亨利四世 下》（第一幕第二场第 9 行）。【译注：原文中这句话是骄傲自大，教唆王子不务正业的反面人物福斯塔夫所说的。作者这样引用有幽默的意味。】

23 约翰·沃尔夫冈·冯·歌德（Johann Wolfgang von Goethe），《箴言与反思》（*Maxims and Reflections*），贝利·桑德斯（Bailey Saunders）译，麦克米伦出版社（Macmillan），1893 年，第 59 页。

24 引自乔治·奥威尔（George Orwell）对伯特兰·罗素（Bertrand Russell）的《权力论：新社会分析》（*Power: A New Social Analysis*）的书评，《阿德菲》（*Adelphi*），1939 年 1 月。

25 西奥多·阿多诺（Theodor Adorno），《作为形式的论说文》（The Essay as Form），《文学注解》（*Notes to Literature*，1958），哥伦比亚大学出版社（Columbia University Press），1991 年，第 13 页。

26 塞缪尔·泰勒·柯勒律治（Samuel Taylor Coleridge），《文学传记》（*Biographia Literaria*），J. 肖克劳斯（J. Shawcross）编，两卷本，牛津大学出版社（Oxford University Press），1901 年，下册，第 13 页。

27 《罗密欧与朱丽叶》（第一幕第二场第 9 行）。

28 《安东尼与克里奥佩特拉》（第二幕第二场第 248 行）。【译注：原文用这句话来描述克里奥佩特拉的妩媚。】

29 《论出版自由》（Areopagitica，1644），《约翰·弥尔顿诗歌及重要散文作品全集》（*The Complete Poetry and Essential Prose of John Milton*），威廉·凯利根（William Kerrigan），约翰·郎姆里奇（John Rumrich）与斯蒂芬·M. 法隆（Stephen M. Fallon）编，现代文库出版社（Modern Library），2007 年，第 955 页。

一、思考

> "我不会停止思想的斗争。"布莱克写道。
>
> 思想的斗争意味着逆流而上，而不是顺应时势。
>
> ——弗吉尼亚·伍尔夫（Virginia Woolf），《在空袭中思考和平》（Thoughts on Peace in an Air Raid, 1940）

　　思考是艰难的。我们都想走捷径。也许，你会拿起这本书正是由于你认为它可以提供捷径。思考使我们被批判，因为"我们的大脑本来就不是为了思想，而是为了避免有思想而设计的"[1]。难怪我们会唯恐避之不及！不过，别只听我一家之言。

> "有些人以思考为至苦。"
>
> ——马丁·路德·金（Martin Luther King Jr., 1963）

"有些人宁愿死也不想动脑子——事实上他们也这么做了。"

——伯特兰·罗素（Bertrand Russell，1925）

"要记得许多人过完一生都没动过一次脑子，也从来没有学会思考。"

——沃尔特·惠特曼（Walt Whitman，1855）

"试问世间最难之事是什么？思考。"

——拉尔夫·华尔多·爱默生（Ralph Waldo Emerson，1841）

"要尝试那极为痛苦的真正思考。"

——塞缪尔·泰勒·柯勒律治（Samuel Taylor Coleridge，1811）

"研制出无穷无尽的器械，忙碌于没有尽头的调研，甚至是机械地重复抄写，都可以用来避开和摆脱那真正的苦力，即思考之苦力。"

——约书亚·雷诺兹爵士（Sir Joshua Reynolds，1784）[2]

对思考本身进行思索，倒不如对其做漫画式的摹写来得容易些，无论是罗丹那标志性的雕塑《思想者》，或是拿着约利克骷髅头的哈姆雷特*。小说家威廉·戈尔丁（William

---

* 《哈姆雷特》第五幕第一场第16行。

Golding）讲述了当他还是一个学生时，犯了错是如何被训斥的：

> "你难道从来不思考吗？"
> 不，我不思考，不在思考，不能思考——我只是焦虑不安地等待这场谈话终结。
> "那你该学会思考——你还没学会吗？"
> 那一刻校长猛地站起来，伸手拿下罗丹的雕塑，重重地放在我面前的桌子上。
> "一个真正的思考者看上去是这样的。"
> 我观察了那个绅士的塑像，兴味索然，一无所获。[3]

刘易斯·卡罗尔（Lewis Carroll）*嘲笑这种通过一个姿势就能够使人领悟的信念：当渡渡鸟无法回答一个问题的时候，

> 它头脑里没有多少想法……却长时间地在那儿站着，一根手指点着额头（就是你常常在莎士比亚的画像中看到的那种姿势），而众人则陷入沉默地等待。[4]

连柏拉图都没有找到能用来展现思考的合宜画面，他

---

* 《爱丽丝漫游奇境记》的作者。

倒是联想到几件事物，诸如牛虻的叮咬、念头的接生、一次电击引起的瘫痪、内在的对话、一阵看不见的疾风。

一如那对猥亵罪明察秋毫的著名法官，我们声称看见思考的时候就能认出它来，即使难以定义其实质。如果我们相信培养思维习惯是一件好事，那么我们常常犯下南辕北辙的错误。我们强制推行的课程体系扼杀了学生独立思考的能力，甚至连他们这样思考的欲望也一并夺走了。我们推崇那些以自律、独立、探索的思维习惯而著称的思考者，比如达·芬奇、伽利略、牛顿、达尔文、居里夫人等，我们自己的教育体系却强制现在的年轻人不能效法他们。

莎士比亚通过在戏台上表现思考而进入了智者的先贤祠。纵观其所有著作，"思考"（think）、"思考着"（thinking）、"思考（过去式）"（thought）这些词出现的频率几乎是"感觉"（feel）、"感觉着"或"感觉（过去式）"的十倍。他给予各种想法（ideas）一种类实体的现实感（quasi-physical reality）[5]，生动地将它们多变的潜能表现成触手可及的力量。在剧作中，莎士比亚常借手工作坊的意象来表现思考——无论是在陶匠的转盘上被塑形，或是在铁匠的工房里被锻造—— 就好像正在铁砧上经历千锤百炼一般。

他甚至生造了一个表现思索的形容词——"健炼的"（forgetive）。好吧，这个词看起来像是要说"健忘的"（forgetful），不过它所要强调的意思却在词根"炼造"

（forge）这一动作中：去制造或是抓取。我们必须时刻准备随着思想一同起飞，乘其灵动之时捕获它，因为灵敏的思想能够越过海洋和陆地。[6]（当海伦·凯勒［Helen Keller］把手放在梅尔塞·坎宁安［Merce Cunningham］身上，触摸他的跳跃动作时，她惊奇道："这多像思想啊！这跳跃动作与思想多么相似啊！"）[7]

就如莎士比亚的同代人蒙田（Michel de Montaigne）所说，对思考本身进行思考是个苦差事，而且实际上比看起来还要艰难，因为我们的头脑实在太捉摸不定了。[8]

最近有个不对莎士比亚式思考进行思考的例子。

肯·罗宾孙（Ken Robinson）的"学校是否扼杀了创造力？"是一个颇受欢迎的 TED 演讲，点击观看量超过了六千万次。题目已经预告了答案：是的——是的，学校当然扼杀了创造力。罗宾孙则按着这自圆其说的模板来推销他的理论：

就　学校是 ＿＿＿＿＿＿＿＿＿＿【阶层分化的 / 工业化的 / 过时的】；

就　这（现象）是 ＿＿＿＿＿＿＿＿＿【危机 / 罪过 / 灾难】；

就　解答则是 ＿＿＿＿＿＿＿＿＿＿【创造力 / 创新 / 技术】。

不过，从开场那个调和气氛的玩笑开始，他的诊断和开出的药方就有些牛头不对马嘴：

> ……你从来不会去想还是孩子的莎士比亚，对吧？
>
> 七岁时的莎士比亚？
>
> 我从来也没有这么想过。
>
> 我是说，他总有过七岁的时候。
>
> 他也曾经在哪个英语班里学习过吧？
>
> （要是听到这种训话）得多烦呢？
>
> "你得更努力才行。"

肯先生得到了阵阵笑声。不过莎士比亚从来也没上过"英语班"；直到他去世几个世纪之后，这种班才开始出现。其实他所上的斯特拉福德文法学校是以拉丁语为授课语言的。这种大规模的拉丁语课程体系成了莎士比亚创造性成就的熔炉——虽然是从他在英语上的建树中体现出来的。

罗宾孙至少弄对了一件事：莎士比亚应该差不多是在七岁时入学的——这年纪自古被看作儿童长久思维模式成型的关键发展时期。亚里士多德主张当孩子七岁的时候就应该离开家庭，进入学校学习。中世纪的骑士侍卫*七岁

---

* 此处原文为 page，指的是准备成为骑士，因而跟随并服侍骑士的年轻男孩。

时就进入一个骑士的家庭。这也正是迈克尔·阿普泰德（Michael Apted）的纪录片《七岁以后》开始记录不同社会阶层对于人生影响的年龄，正如其所引，被认为出于洛约拉（Loyola）的名言："给我一个孩子最初的七年，我会给你一个男人。"*

2016年时，我被母校邀请给新生做演讲。整整一个暑假，一想到他们最不愿听到的恐怕就是一个43岁白种男人的说教，我就忐忑不安。

果然，我所属的微型人口群体（microdemographic）不久前成了一个反模因（reverse meme）！有个被激怒的千禧世代[†]的记者把出现于杂志标题中的"千禧世代"一词替换成了"43岁白男"[9]，旨在暴露泛年龄化标签（generational generalizations）之荒谬可笑：

"43岁白男正如何破坏劳动力"
"为什么如此多的43岁白男没有私生活？"
"热辣43岁白男潮正憎恶43岁白男"

我最爱的一句是：

* 指十六世纪西班牙耶稣会神学家伊格纳修斯（Ignatius of Loyola）。一般认为这句话是出自他的口。

† 即"80后"或"90后"。

"玛莎·斯图尔特（Martha Stewart）仍不明白43
岁白种男人究竟指谁"

所以我小心谨慎，免得像个迂腐刻板的老学究那样教
训年轻人。

然而我得到了启示：在这一代学生七岁左右时，我们
这一代教育者正全心推崇各种肤浅的评价方式。正是这群
学生，在他们整个的小学和中学阶段整整齐齐地经历了题
海战术的炙烤。（此处的评论仅针对美国教育体系，不过
韩国和库尔德人聚居区的教师曾告诉我这是个全球普遍
现象。）

2001年12月，我正蹒跚走向第一个全职教学的学期
终点，"不让一个孩子掉队法案"（No Child Left Behind Act）
得到两党以及教育界企业家的支持，通过了国会审议——
但很少有来自教师的声音。法案承诺缩小学业成就差距，
在2014年以前做到让所有孩子精通阅读和数学。但结果令
人大跌眼镜，这个侧重阅读能力和算术能力的政策并没有
给学生带来这两种能力的提升，反而拉大了成绩差距，因
为不近人情的改革削减了本就稀少的艺术、戏剧、音乐、
历史、语言，甚至科学类课程的时间和资源。

教师的主动性也由于被分派的各种外部课程减弱了。
组织这类课程的公司团体热衷于推广比尔·盖茨（Bill
Gates）提出的教育标准化设想，就好像教育是"电源插

头"或"铁轨宽度"(原文如此!)[10]。这大大剥夺了教师的力量,使他们处于助手的位置上。他们的存在不是为了做思考的示范,而是帮助机器榨取孩子中的"信息总量"(data exhaust),监督其"学能"(learnification)[11]。

不过,你越是富有,就越可能抵制孩子的学校、保姆还有其他监护人把孩子带到使人眼花缭乱的数字化论坛中(digital fora)。约翰·杜威(John Dewey)那激励人心的话语仍应引起共鸣:

> 凡是最好、最明智的父母希望给予孩子的,必也是整个社群希望给予其中的孩子们的。其他所谓理想化的教育目标都是狭隘和冷漠的;若是贸然行之,则整个民主政体都将受亏损。[12]

更糟的情况是,高利害考试(high-stakes exams)不仅局限教学的内容,也限制教学的方法。开放目标的阅读所带来的快乐在忽略语境的生硬解读中被消耗殆尽;数学的乐趣本源自使人愉悦的模式构建过程中产生的猜想,却因大量的强制性练习而枯竭。[13] 我们忘记了马克·吐温(Mark Twain)的良训:"智力的'工作'是误称;它本应是一种快乐,一种消遣,人应将它当作奖赏,乐在其中。"[14]

我在最终决心钻研文学之前本是个数学怪胎。我永远也不会忘记我大学时代的微积分教授。他以令人生畏的性格著称，常常在论证时突然停下。他后退几步，与黑板拉开距离。他会盯着黑板喃喃自语："瞧瞧这个。你们看见了吗？这道题本可以用十一步解决，但现在我们找到了一种更优雅的方法——只用七步就解决了问题。这真是……这真是太美了。"他对美感充溢的解法的敬畏有感染人的力量："一位数学家，就如画家或是诗人，是模式的构建者。"15

所有的智力追寻都是更加定性的过程，任何打分表都无法衡量。我们读到关于近几十年来的（美国）儿童认知发展趋势时，不应觉得惊讶：

> （他们）变得不愿表达情感，无精打采，不擅长交谈及语言表达，缺乏幽默，想象力贫乏，不反对传统，缺少活力和激情，观察力降低，难以寻找表面不相关事物之间的关系，不善于综合考虑信息（synthesizing），不太情愿从多个角度思考问题。16

这才是真正的创造力杀手。

让我们回到七岁的莎士比亚身上，不是猜想他那时该是多让老师头痛的一个孩子，而是撷取当时教育的一些优点。

我知道你现在正如何想：当然了，一个研究莎士比亚的教授肯定会这么说——正如亚历山大·蒲柏（Alexander Pope）观察到的，人人都倾向于认为自己的行为是正确的：

> 人以己之判断为准，
>
> 各行其道，莫衷一是。[17]

莎士比亚的同时代诗人，菲利普·西德尼（Philip Sidney）开玩笑说，所有人都赞美他们的职业，称其至关重要。在为他自己的爱驹（诗歌）辩护之前，西德尼讲述了关于一个驯马者的轶事：

> 他滔滔不绝地赞美自己的职业。他说，士兵是人类中最高贵的阶层，而骑兵则是士兵当中最高贵的……。对国家领导人而言，普天之下没有比一个好骑兵更值得赞叹的……。［他几乎］说服了我，我恨不得自己成为一匹马。[18]

我不是希望你成为一匹马！我甚至不希望你成为第二个莎士比亚，毕竟研究莎士比亚的人不可能成为他[19]。

然而莎士比亚的确曾经是七岁，他的确有过老师，后者教过他关于思考的一些东西。如此，我们若是观察莎士比亚的思维活动，也能扩展并有意识地使用我们自己的理解力[20]。

我并不是在讲莎士比亚都思考了什么。戏台上的每个词语都是借着某个角色的声音说出来的，所以硬要把引语从语境中拉扯出来并不能揭示莎士比亚曾如何看待法律或是爱情或是领导力。不过这无法阻止管理咨询师声称他们从剧作中找到了一些教训。比如以下这个熟悉的例子：

> 千言万语成一句，理如昼夜相交替：
> 对自己，勿自欺，
> 不我欺者不人欺。[21]

有本书上是这样注解的："信任与可靠在经商中极为关键，……一旦一个人失去了可靠的名声，他也就失去了效力。"[22]

这种解读显然缺乏情感。我必须承认：我也犯过这一类南辕北辙的错误。我的三十年前的高中毕业纪念册上不仅有一张满脸青春痘的照片、各种书卷气的活动记录，还有同班同学的留言。至于座右铭，我选了《哈姆雷特》中的这句话。而引言的出处……归于莎翁名下。

但这句话原本是一个爱说教的父亲对他那即将离别的儿子所讲的陈腔滥调。所以，"莎士比亚说过"（这样老生常谈的话）倒不如这话讲出来的方式（借着一个世故的小人物之口）更意味深长。作者原来是通过这个角色讽刺道德说教！[23]

仔细看一下 1603 年剧本出版的时候这篇说辞是如何编排的。为什么左侧留白处有一系列引号？这些引号令人驻足、定睛、注意到这些老生常谈的话。也许你会在这儿记录下来几个新词，中意的词组，偶然产生的念头。"记忆难以容纳的一切事 / 在这无用的留白中写下。"（第 77 首十四行诗）

托马斯·霍布斯（Thomas Hobbes）总是在他的口袋里携带一个笔记本，"任何时候有了灵光一现的念头，立即写在本子上，否则就有可能丢失它"[24]。这位踌躇满志的青年思考者在这样一个本子里收录一些需要反思乃至付诸行动的特别想法。[25] 根据一篇文艺复兴时期的论文，

> 从文科一切通识领域和普遍实践中得到一些零零碎碎的结论，将它们切碎后融合在一起，就能时常在谈话时从中取用二三，这是极有益处的。[26]

通过收集其他人的平常想法（commonplace thoughts），我们就能使自己的言论变得，呃，不那么平常（less commonplace）。

关于莎士比亚如何看待爱情的书也常断章取义。十四行诗总要被按着性别惯例曲解。比如，你有可能在一对男女的婚礼上听到有人吟诵第 18 首或第 116 首十四行诗：

> 我是否当将你比作夏日？
> 而你却更温婉、更可爱。

或是：

> 我万不可妨碍真正的头脑
> 喜结连理。若见异思迁，
> 爱就不得称为爱了。

不过，这些话原本是一个年长的男性对着一个年轻男子所说的。而且同样，这些词句述说的方式——第18首的轻松愉快的询问语气，以及第116首中那颇为愤慨的质问（not... not）——比诗歌的内容更发人深省，因为它所表达的也不过是"我需要你，你需要我，云云"[27]。

若要"像莎士比亚一样思考"，我认为需要考虑那些塑造了其头脑的习惯，包括那些简单的做法：记录至理名言，或是学习并改造传统。做这些事并不表示你会成为"下一个莎士比亚"，你我都不具有与另一个人完全相同的天赋或是际遇组合。正如伊拉斯谟（Desiderius Erasmus）所坚持的：就算是西塞罗（Cicero）活在今日，他也不会像西塞罗那样写作。[28]

但莎士比亚的思维方式确实需要人特意查考往昔之经验，以决定当下之事。用拉尔夫·埃利森（Ralph Ellison）

的话说："有些人是你的亲戚，有些人则是你的祖先，你可以选择你心所向往者成为你的祖先——用他们的价值观重新铸造自我。"[29]

〜 注释 〜

丹尼尔·威灵厄姆（Daniel Willingham），《学生们为什么不喜欢学校？》（*Why Don't Students Like School?*），乔希－巴斯出版社（Jossey-Bass），2009 年，第 4 页。

2 金（King），《爱的力量》（*Strength to Love*），哈珀与罗伊出版社（Harper & Rowe），1963 年，第 2 页；罗素（Russell），《相对论启蒙》（*The ABC of Relativity*），乔治·艾伦与安文出版社（George Allen and Unwin），1925 年，第 166 页；惠特曼（Whitman），《草叶集》（*Leaves of Grass*），第三卷，奥斯卡·罗威尔·特里格思（Oscar Lovell Triggs）编，普特南出版社（Putnam's），1902 年，第 269 页；爱默生（Emerson），《智识》（The Intellect），《爱默生作品全集》（*The Collected Works of Ralph Waldo Emerson*），第二卷，哈佛大学出版社（Harvard University Press），1980 年，第 196 页；柯勒律治（Coleridge），《莎士比亚讲稿（1811—1819）》（*Lectures on Shakespeare [1811–1819]*），亚当·罗伯茨（Adam Roberts）编，爱丁堡大学出版社（Edinburgh University Press），2016 年，第一册，第 187 页；雷诺兹（Reynolds），《言论第十二》（Discourses XII），《约书亚·雷诺兹爵士作品集》（*The Works of Sir Joshua Reynolds*），第一卷，1797 年，第 247 页。

3 《一个人的派对：习以为常的思考》（Party of One: Thinking as

一、思考　027

a Hobby），《假日》（*Holiday*）第 30 期（1961 年 8 月），第 8 页。

4 《详注本爱丽丝》（*The Annotated Alice*），马丁·加德纳（Martin Gardner）编，诺顿出版社（Norton），2015 年，第 36 页。

5 特德·休斯（Ted Hughes），《莎士比亚与完美存在之女神》（*Shakespeare and the Goddess of Complete Being*），费伯与费伯出版社（Faber and Faber），1992 年，第 153 页。

6 《亨利六世 上》（第一幕第二场第 19 行）；《亨利五世》（第五幕序第 23 行）；《理查二世》（第五幕第五场第 5 行）；《亨利四世 下》（第四幕第二场第 91 行）；《约翰王》（第四幕第二场第 175 行）；十四行诗第 44 首，第 7 行。

7 如玛莎·格莱姆（Martha Graham）的回忆录《血的记忆》（*Blood Memory*）中描述的那样，双日出版社（Doubleday），1991 年，第 98 页。

8 《论练习》（Of Practice），《蒙田散文全集》（*The Complete Essays of Montaigne*），唐纳德·M. 弗雷姆（Donald M. Frame）译，斯坦福大学出版社（Stanford University Press），1958 年，第 273 页。

9 阿曼达·罗森博格（Amanda Rosenberg），《我把标题中的"千禧世代"换成了"43 岁白种男人"》（I Replaced the Word "Millennials" with "43-Year-Old White Men"），《松垮下巴》（*SlackJaw*, medium.com 上的一个幽默栏目），2016 年 8 月 24 日。

10 见史蒂芬妮·西门（Stephanie Simon），《比尔·盖茨为共同核心州立标准背书》（Bill Gates Plugs Common Core），《政治》（*Politico*），2014 年 9 月 24 日。拉丁语中的 *sic* 是"没错，我不相信他会这么说，但他确实说了"。但我在此处用这个词也是由于其谐音"sick"（有病）！

11 格特·比斯塔（Gert Biesta）（荷兰教育家）用这尖刻的词抨击教师在课堂上所扮演的角色。

12 《学校与社会》（*The School and Society*），芝加哥大学出版社（University of Chicago Press），1900 年，第 19 页。

13 推荐阅读保罗·洛克哈特（Paul Lockhart）的文章《一个数学家的悲叹》（A Mathematician's Lament，2009）：https://www.maa.org/external_archive/devlin/LockhartsLament.pdf。

14 《亚瑟宫的康涅狄格白佬》（*A Connecticut Yankee in King Arthur's Court*，1889），伯纳德·L. 斯坦（Bernard L. Stein）编，加利福尼亚大学出版社（University of California Press），2010 年，第 279 页。

15 英国数学家 G.H. 哈代（G.H.Hardy），引自卡伦·奥尔森（Karen Olsson）的文章《数学之美》（The Aesthetic Beauty of Math），《巴黎评论》（*Paris Review*）博客 2019 年 7 月 22 日文：https://www.theparisreview.org/blog/2019/07/22/the-aesthetic-beauty-of-math/。

16 这是金景熙（Kyung-Hee Kim）在总结 2011 年的托伦斯创造性思维测验的数据时说的，引自彼得·格雷（Peter Gray），《玩耍赤字》（The Play Deficit），《宙》（*Aeon*），2013 年 9 月 18 日。写作"不是练习册上的填空题，而是充满愉悦的表达形式"。引自海伦·芬德勒（Helen Vendler），《阅读是基本》（Reading Is Elemental），《哈佛杂志》（*Harvard Magazine*），2011 年 9 月。

17 《论批评》（*An Essay on Criticism*），1709 年，第 9–10 行。

18 《诗辩》（*The Defense of Poesy*，1595），《作品选编》（*Selected Writings*），理查德·达顿（Richard Dutton）编，劳特利奇出版社（Routledge），2002 年，第 102 页。

19 拉尔夫·华尔多·爱默生（Ralph Waldo Emerson），《自立》（Self-Reliance，1841），《爱默生散文作品选》（*The Prose*

Works of Ralph Waldo Emerson），第一卷，1870 年，第 259 页。

20 约翰·米德尔顿·马里（John Middleton Murry），《创造性风格过程》（The Process of Creative Style），《风格的问题》（*The Problem of Style*），牛津大学出版社（Oxford University Press），1922 年，第 116 页。

21 《哈姆雷特》（第一幕第三场第 77-79 行）。【译注：这句话是奥菲莉娅的父亲波洛纽斯对他即将远行的儿子雷欧提斯所讲的。】

22 杰·M. 沙弗利兹（Jay M. Shafritz），《莎士比亚论管理》（*Shakespeare on Management*），卡洛尔出版社（Carol Publishing），1992 年，第 95 页。

23 杰弗里·R. 威尔逊（Jeffrey R. Wilson），《莎士比亚小议送孩子上大学》（What Shakespeare Says about Sending Our Children Off to College），《学院》（*Academe*）第 102 卷，第 3 期（2016 年 5 月 /6 月）。

24 约翰·奥布雷（John Aubrey），《奥布雷简短传记辑录》（*Aubrey's Brief Lives*），奥利弗·劳森·迪克（Oliver Lawson Dick）编，大卫·戈丹出版社（David Godine），1999 年，第 351 页。

25 奥古斯丁（Augustine）：*discitur ut agatur*——"学会了才能行出来"，《论基督教教义》（*On Christian Doctrine*）（4.13.29）。

26 菲利伯尔·德·维也纳（Philibert de Vienne），《宫廷中的哲学家》（*The Philosopher of the Court*，1547），乔治·诺斯（George North）译，1575 年。

27 弗兰克·奥哈拉（Frank O'Hara），《节块》（Blocks），引自海伦·芬德勒（Helen Vendler），《莎士比亚十四行诗的艺术性》（*The Art of Shakespeare's Sonnets*），哈佛大学出版社（Harvard University Press），1997 年，第 14 页。

28　意思是说，要想说话合宜，必须使所言符合当下之人与事的条件。《斯塞洛尼阿努斯，或，一场关于最佳演说风格的对话》(*Ciceronianus, or, A Dialogue on the Best Style of Speaking*, 1528)，伊佐拉·斯科特(Izora Scott)译，师范学院出版社(Teachers College)，1908年，第61页。用埃莫丽斯·琼斯(Emrys Jones)的话说："没有伊拉斯谟，就没有莎士比亚。"《莎士比亚之源》(*The Origins of Shakespeare*)，牛津大学出版社(Oxford University Press)，1977年，第13页。

29　《时代》(*Time*)第83卷，第13期(1964年3月27日)，第67页。

二、目的

> 尚未到达终点，旅程草草终结。
> 贪图安逸休眠，不能行至终点。
> ——弗朗西斯·培根（Francis Bacon），《致拉特兰伯爵》（to the Earl of Rutland, 1596）

"读书的目的（end）是什么？"《爱的徒劳》中那个冷嘲热讽的角色俾隆（Biron）如此问道（第一幕第一场第55行）。他在严苛的集体宣誓前望而却步：不停学习、少睡觉、饮食节俭、不近女色。正如戏剧将要揭示的：学习的目的不是爱情，不是哲学，不是博学多才，不是巧言善辩，不是一味屈服于过往经验，也不是痴迷于时尚。

因此，问题悬而未决："读书的目的是什么？"为什么要学习？

浮士德的开场白也同样质疑教育的正统，试图"确定研究的方向，……将所有学科一一穷尽"，仿佛一个正寻找职业方向的大二学生。想到自己已经精通逻辑和医学，又对法律和神学同样不屑。那就剩下巫术（necromancy）了！他与魔鬼签订了渎神的合约："成了；协议已然生效。"[1]

浮士德与俾隆都不屑于普世的学习目的论。我虽然相信诸位最近还未打算与谁签订血的协议，却担心现代教育已经创造出了类似浮士德那样的教育生意经。正因我们放弃了集体性的教育目的，我们才不得不采用那些不痛不痒的万金油式说辞，比如"教育的目的是使每个人都能继续受教育"[2]。

让千句教育使命宣言扬帆启航的，就是这句话吗？*

正如俾隆和浮士德表述的，"目的"既可以指"目标"，又可以指"终极成就"，如拉丁语中的 *finis* 一词；"目的"也与哲学概念中的"意图"或"功能"相似，如希腊语中的 *telos* 一词；并且，"目的"也能唤起隐晦的暴力倾向，如同在《错误的喜剧》（第四幕第四场第 15–17 行）中表现的。†

---

* 这句话出自《浮士德博士》，原文是浮士德在见到特洛伊的海伦那绝美容颜的时候发出的赞叹："让千艘战船扬帆起航的，就是这张面孔吗？"

† 原文中包含 end 双关语的质问，既指某个使命，也指绳子的一端（含暴力威胁）：

安提佛洛思：我要你回家是做什么事（to what end）的？

德洛米欧：买根绳子（to a rope's end），先生；现在绳子买来了。

安提佛洛思：就为这个（to that end），我要欢迎你一番。［打他］

"某某之目的"可以作为我们这个时代的完美主题，因为它正适用于"迷恋断裂而非平稳的当下"[3]。无论是"学习的目的"，还是"上学的目的"，又或是"教育的目的"，此类名目都大张旗鼓地在各个层面反对教师。教育技术的拥护者动不动就用末日启示的语气说话，对传统的课堂教学充满鄙夷的态度。对于那些推动所谓断裂式创新（disruptive innovation）的人而言，若是美国一半的大学都破产，而且"一半以上的 K-12 年级课程都在 2019 年之前实现线上教学"[4]，那将是一件好事。

但这种教育 - 技术 - 工业复合体对于手段的迷恋不过是一种深层痼疾的表象，根源是一种内在矛盾，以无休止地生产无目的之手段为目的[5]。早在十九世纪末，弗里德里希·尼采（Friedrich Nietzsche）就认为教育已经

> 看不到最重要的事情：目的以及实现目的的手段同样重要。上学、受教育本身就是一种目的……。我们的"高等"学校已经毫无例外地趋向最模棱两可的平庸，无论是教师、教学方案，还是教育目标。[6]

尼采若是活在今天，也许会对尼科尔森·贝克（Nicholson Baker）最近的一段工作经历感到熟悉，后者担任代课教师时，似乎除了发放讲义外没有什么重要任务。

每一门高中科目，无论它在一个共同核心州立标准的推崇者眼中多么有意义、有活力，而且引人思考，都被大纲这个万用切菜机处理过，然后分装入袋，背面贴上了评分标准。在第一页上通常写着"学习目标"，背面则无一例外地印着需要掌握的特殊词汇……。这些都是无价值的知识，或者说元知识（meta-knowledge）。[7]

如今的术语中对教育"目标"的条件反射性要求，让我觉得我们这些成年人仿佛成了威廉·退尔（William Tell），把箭头指向自己的孩子。[*]我们的教育方法（通过测验）已经取代了教育的目的（人的发展）。如果你能跟一位弓箭手聊天，你会发现瞄准的方法（aiming）对于射中目标来说并非举足轻重。[8]

那么，除了瞄准目标，还有什么更值得注意呢？刚被引用过的那位射箭教练给出了违背直觉的答案："共有三件事，即形式（form），形式，以及形式。若是你拉弓的形式很好，瞄准目标就顺理成章。它是个自我矫正的过程。"

庄子曾精辟地论述高风险竞争的扭曲效果[†]——我敢说

---

[*] 威廉·退尔为瑞士民间传说中的英雄，被暴君格斯勒的属下俘房后，被迫用箭射下他儿子头上放的苹果。他因席勒和罗西尼创作的同名歌剧而闻名世界。

[†] 作者指的是一位汉学家对庄子的阐释，其中提到射箭者由于太想得奖而分心，无法射中目标。出自《赢的渴望》（*The Need to Win*），收录于《托马斯·莫顿诗歌集》（*The Collected Poems of Thomas Merton*）。

每个人多少都体验过类似的情况。当我参加高中的最后一次跑步比赛，临近终点时，我因为肩部过于紧张而几乎不能跑过终点线。那样子简直是活生生的芝诺悖论！ *

如果你创造一个实现目标的动机，那么你实现目标的可能性就大大降低了。通过考试的最好办法就是……不要专注于考试。你反而需要寻找与其他有技巧的同人一起沉浸在练习本身之中的办法。伊丽莎白一世的文法老师罗杰·埃斯科姆（Roger Ascham）在论述射箭的文章中哀叹盲目学射的弊端——在没有懂射箭的师傅指导时练习射箭，导致"动作变形，失去准头"[9]。用拉比赫歇尔（Rabbi Heschel）的话说："我们最需要的不是教科书（text-books），而是教育者（text-people）。"[10]

高瞻远瞩乃是传统智慧，从乔治·赫伯特（George Herbert）的"瞄准天的人比瞄准树的人射得更高远"到亨利·瓦兹沃斯·朗费罗（Henry Wadsworth Longfellow）的"想要射中目标，就得瞄准更高一点的地方"，再到保罗·克里（Paul Klee）的"如乘风的羽箭，向着实现目标而飞吧，就算你未达目标已然疲惫"[11]。

尼可罗·马基雅维利（Niccolò Machiavelli）鼓励人们在选择智识榜样时要"志向高远"，这样我们就"像弓箭手

---

* 芝诺悖论（Zeno's paradox）是古希腊数学家芝诺提出的关于时空以及运动原理的一系列违背常识的论点。

一样对准比目标高许多的地方，不是为了能射得更高，而是因为只有如此才能射中目标"[12]。我并不反对教师在课堂上用考试来衡量学习进度。不过，若是只盯着考试这个目标，把它作为教育的终极目的，这就像是对着思考的核心射箭——"当测量的方法成了目标，这方法就不再是好的"[13]。

我在孟菲斯教书，这个城市正是应试教育改革的靶心。[14]在美国找不到另外一所学校同时得到了盖茨基金会和"力争上游"（Race to the Top）项目的资助。五花八门的评价系统如雨后春笋般出现了，其结果不言而喻："新的教育政策让所有人神经紧张，引发分裂，也使教学楼失去了欢声笑语。"[15]

有一次，我在长女就读的小学做志愿文字教员时，听见广播中又一次传来又一个关于又一次备考策略的通知。我已经忘记那按照首字母排列的准则了……。大概是这些：

永远别忘了阅读！

再看一遍你的问题；

审查题目要求；

评价你的进步；

还有

所有答案要检查两次——

再读一遍！

　　我转向老师，这位沉静内敛的女士尽可能不让学生听到这类毫无意义的通告。在那之前我们没说过几句话。但我极为不解，不由得问她对这种不间断的聚焦备考策略有什么看法。她诚实地说："我认为这对孩子而言很残忍。"

　　几天以后，我的夫人和我问七岁的女儿，她这个月有没有学到什么生词，却听到一个让我们忧心忡忡的回答。这个平时很有活力的孩子思考了一会儿，冷冷地看着我们，小声说："测验"（assessment）。我们不得不苦笑着承认：她说的不错，我们在家里从来没提到过这个词。

　　测验正变得越来越耗时而且昂贵。数月的教学课时都用于比碾压灵魂好不到哪儿去的备考。[16] 就算"测验者早就知道测验并没有什么效果"[17]，他们仍不停地呼吁组织更多测验，就好像他们听了巴萨尼奥（Bassanio）关于如何寻找遗失之箭的劝告："你之前把箭射向何方，就往同一个地方再射一箭。"[18]

　　重复同一个错误——"用更正确的方式做错误的事情"[19]——只会加剧测验的消耗成本、打压积极性和催生错误动机之类的问题。

　　某些教育者甚至扭曲字源以支持测验，声称"测验"一词源自拉丁语 assidere，而后者的意思是"并排而坐"，带着善意地指向与学生并排而坐的教师。若真是如此就好了！不过这个词与在历史上的意思相去甚远，它原本来自为了征税而对财产的价值进行估计。

在莎士比亚的时代，一位测验者（税务官）每年都要循环走动，与你并排而坐以计算你欠政府的税。这测验者是一位短暂接近你，只为了审查监视，并且代表远方的权威榨取你的价值的评价者。

虽然是老生常谈，但测验走的是无风险捷径，并且排除一切其他可能。它所衡量的并不是真正重要的品质，而是那些容易被衡量的品质。[20] 想想哈姆雷特的话吧，他如此哀叹在无法衡量价值的珍宝前，夸大数量毫无意义：

> 我曾爱奥菲莉娅。四万兄弟
> 也不能用他们爱的总和
> 抵我之爱。（第五幕第一场第 248-250 行）

量化自然有它的功用，然而我们必须常常提醒自己这功用是多么有限。在某些层面上，数量是根本无法衡量质量的——而且在大部分重要层面上都是如此！比如，生活，爱，和治学。

然而管理者仍然不断地背诵据说是出自爱德华兹·戴明（Edwards Deming）的真言："若你无法衡量某物，你便无法管理它。"有一次我坚持己见地表述如下观点：在教室中发生的一切比量化标准所能够衡量的更为丰富和奇异[21]，一位理事意味深长地引用了戴明的这句话。

公平地说，戴明顶多只能占一半功劳，因为这只是他原话的一部分。他想要表达的……恰恰相反："不应认为若你无法衡量某物，你便无法管理它——这是个代价高昂的神话。"[22]

我想到了格林兄弟那恐怖的"灰姑娘"的故事：要是鞋子不合脚，就把脚指头切下来。人们总想把这位权威人士的话当作至理名言，就算越来越多的证据说明分数至上会导致教育过程的扭曲。把锤子放到一个小男孩手中，他就会发现面前的一切都需要敲敲打打。[23]

测验就是敲打教育的铁锤，要把人全都变成约翰·拉斯金（John Ruskin）警告过的那种工具人：

> 你要么把人变成工具，要么变成真正的人。二者必居其一。人本就不是为了像工具一样精准劳动而被创造的，也不可能在他们所做的一切事上分毫不差、完美无缺。要是你非要把工具般的精准从他们里面提炼出来，让他们的手指像齿轮一样测量角度，又让他们的膀臂像指南针那样标示曲度，你就得先把他们变得不像人。[24]

测验的目的就是把人变成机器中的一个齿轮。但是这台机器正把我们推向各种灾难。教育需要给人的正是挑战这台机器的能力和信心。我们需要发声对抗这种残忍的采矿逻辑——尽可能将所有知识粉碎成最小可测试单元——尼采所嘲笑的"一大堆不能下咽的知识碎石"[25]。

托马斯·葛莱恩（Thomas Gradgrind）是这类行政者的典型，决心要把"他面前的小瓶子们装满……信息碎片（facts）"。他出现在 1854 年出版的查尔斯·狄更斯（Charles Dickens）的小说《艰难时世》中名为"扼杀天真"的章节，作者把这一角色描绘成"满载着信息的大炮，时刻准备把他们一炮炸飞，诀别童年"[26]。

我们也将教育的目的一炮炸飞了。W.E.B. 杜波依斯（W. E. B. Du Bois）具有挑战性地发问道："学习是为了喂饱肚子吗？又或者为了知晓被饭食滋养的生命之目的和意义？"[27] 我担心我们已经过于偏向实用主义目的——学习成了实现其他意图的途径，而不是为了扩展人类能力。时代精神似乎已经陷于"毫无快乐的急迫感，而我们当中很多人都在预备自己和后代，以成为实现与自己本不相干之目标的途径"[28]。

亚伯拉罕·弗莱克斯纳（Abraham Flexner）是医学教育的改革者。他坚持主张无用的知识是有益处的。用他的话来说，最伟大的发现都眷顾那些仅仅渴望满足他们的好奇心，而不在乎其是否有用的男人和女人。[29] 他记录的科学家事迹诸如保罗·埃尔利希（Paul Ehrlich）在实验室里漫无目的地玩弄器械时找到了治疗梅毒的药物。苹果电脑的创始人之一认为他学过的最有用的科目不是工程，而是……书法。换句话说，他学到了准确、优雅和设计感的不变原则。当莎士比亚诞生的时候，伦敦还根本没有专供话剧演出的戏院。他那"无益处"的拉丁语训练竟使他能胜任一份仍不存在的工作。（谁敢说韵脚不值钱？）为什么我们仍要把宝贵的课堂时间浪费在那些留不住的技术能力上——在毕业生找到工作之前，它们就已经过时了！

"工欲善其事，必先利其器"这句老话虽然有道理，却说服不了赞助商和立法者。它总是让步于实用主义的说辞——"实用"又有什么用呢？[30]索尔斯坦·韦伯林（Thorstein Veblen）坚持，对学习的功用性发问，就好像刘易斯·卡罗尔书中的海象荒谬地问道："海水为什么滚烫，猪是否有翅膀？"[31]就连注重功用的本杰明·富兰克林（Benjamin Franklin）也曾提出这样的问题："婴儿有什么用？"[32]这让我想起莎士比亚在第65首十四行诗中的哀呼："在这汹涌的怒吼声中，美要如何请愿？她的辩解如同花朵一样柔弱可欺。"

我们知道，教育一定有用，一定有实用目的。问题在于，大众及流行话语中谈到实用性时总是断章取义。甚至我们作为老师也默默接受这种缩了水的定义，只教那些有快速且直接回报的东西。学生多快能找到第一份工作，起薪如何，每月或者至少每年的投资回报率是多少，等等。"实用工具"，"水电费"，光、气、水。

修饰这些"实用性"的前置词被丢弃了：物质实用性，

短期实用性。到头来，若是不能全面地考虑实用性，我们都将承受损失。我们需要用完整的表述来强迫自己看见偏差，并对不同的工具赋予合宜的价值。长期实用性不可能通过仅仅关注短期实用性来获得。

对亚里士多德而言，学习的目的（长期实用性）就是发展那些能在民主制度中如鱼得水的公民。[33] 教育培养那些使人变得"良善（good）和能言善辩"之习惯[34]，而且关注行动：其言如其行[35]。

之后的两千年中演化出的庞大课程体系，追求的是西德尼所说的"自我认识的终极目的"："不仅为了知晓得全面，更为了做得好。"[36] "学习的一切目的，"约翰·亚当斯（John Adams）指教他的儿子约翰·昆西·亚当斯（John Quincy Adams）时说，是为"造就一个有用的公民"[37]。

训练这种全面发展的公民的方法就是修辞学——这个词如今被用于指代无聊的文学术语目录，或者更糟，成了空话的代名词，即政治家们顾左右而言他之术。不过，在莎士比亚的时代，修辞学指的恰好就是思维的组织。修辞学并不只是一门科目：它就是全部的课程。正是由于个人在社群中生存的基础就是会想且能说，修辞学让一个人能在任何场合下说合宜的话——也就是未来将会用到的话语（future discourse）的技艺。[38]

这就是为什么学生们无休止地学习自如地应对一切场合之策：模仿活生生的范例，练习复杂的语词结构，训练富于想象力的写作，以及增加阅读的广度和深度。人们高度关注清晰而准确的文笔，因为这是培养独立判断能力的关键工具；的确，"准确的思维对于各行各业的芸芸众生都至关重要"[39]。那就是修辞学。

当没有目的的时候，方法就成了目的。让我再次引用俾隆的话：

> 读书就是这样难中目标，
> 一心研习只为得那心头好，
> 应做的差事反倒是记不牢。
> 待来日得了心头好，却好比
> 战火攻城，虽胜城毁枉徒劳。[40]

目光短浅的教育目标有可能适得其反，自取灭亡：应做的事反倒忘了。

～ 注释 ～

1　克里斯托弗·马洛（Christopher Marlowe），《浮士德博士》（第一幕第一场第1-4行，第一幕第二场第74行）。《浮士德博士：A文本与B文本》（*Doctor Faustus: A- and B-Texts*），大卫·贝温顿（David Bevington）与埃里克·拉斯穆森（Eric Rasmussen）编，曼彻斯特大学出版社（Manchester University

Press），1993 年。

2　约翰·杜威（John Dewey），《民主主义与教育》（*Democracy and Education*），麦克米伦出版社（Macmillan），1916 年，第 117 页。

3　卡洛斯·路萨达（Carlos Lozada），《每件事的目的》（The End of Everything），《华盛顿邮报》（*Washington Post*），2013 年 4 月 5 日。

4　考特尼·鲍伊德·迈尔斯（Courtney Boyd Myers）引用哈佛商学院的克莱顿·克里斯滕森（Clayton Christensen），《为什么线上教育现在可以中断了》（Why Online Education Is Ready for Disruption, Now），《下一张网》（*The Next Web*），2011 年 11 月 13 日。

5　保罗·特里希（Paul Tillich），《我们的技术社会的精神处境》（*The Spiritual Situation in Our Technical Society*），默瑟尔大学出版社（Mercer University Press），1988 年，第 80 页。

6　《偶像的黄昏：或，如何用锤子做哲学》（*Twilight of the Idols: or, How to Philosophize with a Hammer*，1889），邓肯·拉尔奇（Duncan Large）译，牛津大学出版社（Oxford University Press），1998 年，第 40 页。

7　《无趣的堡垒：我当代课教师学会了什么》（Fortress of Tedium: What I Learned as a Substitute Teacher），《纽约时报》（*New York Times*），2016 年 9 月 7 日。

8　特里·翁得利（Terry Wunderle），引自比尔·西威（Bill Heavey），《如何让箭头每次都射中你的目标》（How to Put an Arrow in Your Target Every Time），《田野与溪流》（*Field and Stream*），2005 年 8 月 31 日。

9　《弓的爱人》（*Toxophilus*），1545 年。

10　亚伯拉罕·约书亚·赫歇尔（Abraham Joshua Heschel），《犹

太教育的精神》（The Spirit of Jewish Education），《犹太教育》（*Jewish Education*）第 24 卷，第 2 期（1953 年秋），第 19 页。

11　《教会的门廊》（*The Church Porch*）第 56 节第 3–4 行；"挽歌"第 11 首，《亨利·瓦兹沃斯·朗费罗诗作全集》（*The Poetical Works of Henry Wadsworth Longfellow*），霍弗顿·米夫林出版社（Houghton Mifflin），1885 年，第 297 页；《教学素描》（*Pedagogical Sketchbook*），西比尔·莫赫里－纳吉（Sibyl Moholy-Nagy）译，费伯与费伯出版社（Faber and Faber），1984 年，第 54 页。

12　《君主论》（*The Prince*，1532），乔治·布尔（George Bull）译，企鹅出版社（Penguin），2003 年，第 19 页。

13　玛丽莲·斯特拉特恩（Marilyn Strathern）对所谓的"古德哈特定律"（Goodhart's Law）的复述。此定律根据二十世纪七十年代的英国银行的首席经济学顾问命名。《改善评分：英国大学体系中的听课机制》（Improving Ratings: Audit in the British University System），《欧洲评论》（*European Review*）第 5 卷，第 3 期（1997 年），第 305–321 页。

14　参考玛丽·卡希奥拉（Mary Cashiola），《孟菲斯模式》（Memphis as a Model），《孟菲斯报》（*Memphis Flyer*），2010 年 7 月 15 日；大卫·华特斯（David Waters），《昂贵的失败带来的教训》（Costly Failures Come with Lesson），《每日孟菲斯人》（*Daily Memphian*），2019 年 5 月 8 日。

15　迈克尔·万利普（Michael Winerip）引用黑人中学校长威尔·谢尔顿（Will Shelton）的话。《在田纳西，按照评价规则跳下悬崖》（In Tennessee, Following the Rules for Evaluations Off a Cliff），《纽约时报》（*New York Times*），2011 年 11 月 6 日。

16　据估计，"教师由于测验以及围绕测验的体制性任务，每年损失 60 到 110 课时的教学时间"。全国英语教师委员会（National Council of Teachers of English），《标准化测验如何塑造——及限制——学生的学习》（How Standardized Tests Shape—and Limit—Student Learning, 2014）：http://www.ncte.org/library/NCTEFiles/Resources/Journals/CC/0242-nov2014/CC0242PolicyStandardized.pdf。

17 埃里克·吉尔伯特（Erik Gilbert），《内行看测验：它可能比你想得更糟》（An Insider's Take on Assessment: It May Be Worse Than You Thought），《高等教育编年史》（*Chronicle of Higher Education*），2018 年 1 月 12 日。见他的博客"糟糕的测验"：http://badassessment.org。2013 年戈登委员会（Gordon Commission）报告得出了同样的自利式结论：测验没效果，所以我们需要更多测验！

18 《威尼斯商人》（第一幕第一场第 148–149 行）。

19 管理理论家罗素·艾可夫（Russell Ackoff）复述彼得·德鲁克（Peter Drucker）所言。菲利斯·海因斯（Phyllis Haynes）专访：https://youtu.be/MzS5V5-0VsA。

20 斯蒂芬·科利尼（Stefan Collini）在《谈谈大学》（*Speaking of Universities*）（反面出版社［Verso］，2017 年）中记录了"测验"在英国的多头蛇表亲"影响力"（impact）的可悲统治。这"影响力"在科学研究中的有毒影响已被马里奥·比阿乔利（Mario Biagioli）在《自然》（*Nature*）中揭示：http://www.nature.com/news/watch-out-for-cheats-in-citation-game-1.20246。我总如此警告我的学生：如果你的学校说你所受教育"影响"了你，就让他们退学费——并给你一剂泻药。

21 《暴风雨》（第一幕第二场第 400 行）。

22 《工业、政府、教育新经济学》（*The New Economics for*

Industry, Government, Education），麻省理工学院高等教育
服务中心（Massachusetts Institute of Technology, Center for
Advanced Educational Services），1993 年，第 36 页。

23 亚伯拉罕·凯普兰（Abraham Kaplan）的"工具法则"（Law
of the Instrument），《调查行为》（*The Conduct of Inquiry*），钱
德勒出版社（Chandler），1964 年，第 28 页。

24 《威尼斯的石头》（*The Stones of Venice*），史密斯和埃尔德出
版公司（Smith, Elder, and Co.），1851 年，第二册，第 162 页。

25 《弗里德里希·尼采全集》（*The Complete Works of Friedrich
Nietzsche: The First Complete and Authorised English
Translation*），第五卷，戈登出版社（Gordon Press），1974 年，
第 31 页。

26 詹姆士·L. 修斯（James L. Hughes），《作为教育者的狄更斯》
（*Dickens As an Educator*），太平洋大学出版社（University
Press of the Pacific），2001 年，第 121 页。

27 《黑人的灵魂》（*The Souls of Black Folk*，1903），企鹅出版社
（Penguin），1996 年，第 69 页。

28 玛丽莲娜·罗宾逊（Marilynne Robinson），《人文主义、科学，
以及可能的急速扩张》（Humanism, Science, and the Radical
Expansion of the Possible），《国家》（*Nation*），2015 年 10 月
22 日。

29 《无用知识的有用之处》（*The Usefulness of Useless Knowledge*，
1939），普林斯顿大学出版社（Princeton University Press），
2017 年，第 56 页。

30 歌特霍尔德·以弗莲·莱辛（Gotthold Ephraim Lessing），转
引自汉娜·阿伦特（Hannah Arendt），《过去与未来之间》
（*Between Past and Future*，1961），企鹅出版社（Penguin），
2006 年，第 80 页。

31 《美国的高等教学：商人的大学行为备忘录》（*The Higher Learning in America: A Memorandum on the Conduct of Universities by Business Men*），B.W. 于波希出版社（B.W.Huebsch），1918 年，第 210 页。

32 I. 伯纳德·科恩（I. Bernard Cohen），《本杰明·富兰克林的科学》（*Benjamin Franklin's Science*），哈佛大学出版社（Harvard University Press），1996 年，第 264 页注 11。

33 尤其见《政治学》（*Politics*）第七和第八章中。

34 老加图（Cato the Elder）对演说家的定义被作为不可置疑的真理而引用："演说家是……良善且能言善辩的。"引自他给儿子的家书残篇 14。塞涅卡（Seneca）在他的《辩论集》（*Controversiae*）中引用了这句话，昆体良（Quintilian）在他的《目的论》（*Institutes*）（10.1.1）中亦引用了此句。

35 荷马（Homer），《伊利亚特》（*Iliad*）第九章第 455 行，斯坦利·隆巴尔多（Stanley Lombardo）译，哈克特出版社（Hackett），1997 年，第 58 页。

36 《诗辩》（*The Defense of Poesy*，1595），《作品选编》（*Selected Writings*），理查德·达顿（Richard Dutton）编，劳特利奇出版社（Routledge），2002 年，第 128 页。同样见杰弗里·惠特尼（Geoffrey Whitney）的《徽章的选择》（*Choice of Emblemes*，1586）中的座右铭："书本的实践，而非阅读，使人明智"（*usus libri non lectio prudentes facit*）。

37 1781 年 5 月 18 日书，引自 https://founders. archives.gov/documents/Adams/04-04-02-0082。

38 "未来将会用到的话语"是修辞历史学家詹姆士·J. 墨菲（James J. Murphy）学术生涯中最爱的概念。

39 安托万·阿尔诺（Antoine Arnauld），《思考的艺术》（*The Art of Thinking*，1662），詹姆斯·蒂科夫（James Dickoff）与帕

特丽西亚·詹姆斯（Patricia James）译，文科文库（Library of Liberal Arts），1964 年，第 7 页。

40 《爱的徒劳》（第一幕第一场第 140−144 行）。【译注：此处取万明子译文（外语教学与研究出版社，2016）。】

三、手艺

在拼凑碎片的过程中，你开始学会使用你的头脑。

你开始理解如何工作，你开始明白东西是如何组合在一起的。

——加里·斯奈德（Gary Snyder），
《真正的工作》（The Real Work, 1977）

"测验""目标""评分标准""学习效果"还有其他类似的词语让人想起 E. M. 福斯特（E. M. Forster）对用勺子喂饭的嘲讽："长久来看，它教我们记住的只有勺子的形状。"[1]

有什么更好的方式来谈论那种生机勃勃的思维习惯吗？我认为"手艺"（craft）一词能更准确地描绘（和褒奖）思考，无论是在莎士比亚的时代还是在我们自己的时代。手艺让我们想到书写时的人，如莎士比亚——他是自己的作品，而我们也可以这样做。

我在研究生时期开始欣赏手艺那严苛的范畴。那时，我是一个共有房的房客。以前的房客留下的废旧物品中有架被遗忘的立式钢琴。这琴可不仅是走调——它根本不可弹奏，象牙琴键丢了好几个。有一半琴键无论多么使劲儿敲，都发不出声音来。我很渴望让这架琴恢复正常，于是打遍了波士顿黄页上所有调琴师的电话。（没错，那是在二十世纪九十年代。）只要我描述完我们那少得可怜的预算以及那架钢琴年久失修的状态，调琴师就无一例外地拒绝接这个活计。

最后，有一位建议道："这听起来像是奥斯汀·格莱姆斯（Austin Grimes）能做的工作。"——后者是个新手，正急着找活干。奥斯汀到来的时候，我因激动不已而拖延了写论文的任务。我看着他把钢琴的前盖移走，觉得自己仿佛是一个潜入他那神秘的手艺领域的越界游客。当内部机械结构完全裸露在我面前时（瞧，多奇妙），他指给我看那些键不出声的原因——它们的音锤臂已经扭曲，以至于完全无法触碰到琴弦了。

然后他停了一会儿，终于告诉我："我现在要做的事，是我永远也不会对一架正常的钢琴做的。但是因为你的预算有限，我也只能这么做了。"

他拿出一只打火机来——没错，是打火机！——一边掰动音锤臂，一边用火苗加热。经过半分钟的炙烤，音锤臂复原了，而音锤也能敲到琴弦上了。

"你是怎么懂得这么做的？"我吸了一口气，"你是在学校里接受训练的吗？"不是的，他没上过学。我这个几乎一辈子都在学校里度过的人有些呆若木鸡了。

"所以没有专门训练调琴师的学校吗？"不是的，有这种学校。

"那你为什么没有上过学？"

奥斯汀告诉我，他还是个厨师的时候，遇见许多毕业于高级厨师学校的学生，发现他们根本无法胜任实际厨房中的工作。他们虽然受过各种正式的厨艺训练，却仍不能体会实际厨房中各个工作流水交接的压力。

当奥斯汀决定换个职业的时候，他没有报名参加培训课程，而是创造了自己的学徒生涯。他不希望缺乏对这手艺的亲身体验。所以他找到一位钢琴技术大师，以当半年免费的助手为条件，让大师免费教了半年时间。他所学到的策略中就有用打火机矫正音锤臂的方法：火焰产生的热量让木质音锤臂中的水分快速蒸发，所以当你把它掰直，加热，然后让它冷却下来之后，它就有了新的位置"记忆"。

这就是你不能从书本中学习到的口口相传的手艺知识。就算你从书本中读到了，你也不知道在什么时候使用它最合适。奥斯汀所做的事是一种修辞，因为他对情况（一架无用的旧琴，雇主可怜的预算）以及受众（一群根本不注意保养钢琴的房客）做出了判断，而且得出结论，即用打火机解决问题的做法在当时的情景下是合宜的。如此地恰到好处，如此创造性地使用工具，如此灵动的修理直觉，以及如此渴望做好某事——这就是他的手艺。

我清楚，想要让"手艺"起死回生，成为教育的奇喻（conceit），有杯水车薪之嫌。因为此时此刻威胁着传统课堂的怪物异常凶残——从恐怖主义暴力的一场场惨剧，到入学机会中从未消失的野蛮的不平等。况且，一位名为大卫·派（David Pye）的设计理论家说，手艺"是引发争论的词语"[2]。

如今，"手艺"常常令人想到面向某种特殊市场需求的产品，或是在家中动手完成的工程。前者有可能被商家为推广商品而滥用，其实生产的方法与手工艺实践大相径庭；后者传递的则是一种微不足道的，而且常常带有性别色彩的隐蔽生产。最近有一部讽刺作品的标题嘲弄这两种意思：《如何削铅笔：一篇关于削铅笔手工艺的应用及理论论述》（2012）。

无论这两种意思中的哪一种，都不能概括莎士比亚生活的世界中那人皆践行的充满技巧的手工活。手艺在那里并不是一个机械的过程，而是社群的、智识的、身体的、情感的。手艺所要求的律己，并不只来自人，也来自手艺所施用的对象。实践者必须让自己适应不断演化的模式。虽然戏剧创作从未被正式认定为伦敦的一个行会，但剧院的关键特点却与手艺那灵动多变的思考方式相契合。

无论是在古希腊哲学中，在十八世纪的"精致艺术"（fine arts）话语中，还是在对本土文化实践的鄙夷中，人们都认为"手工艺"与"更高尚的"学识追求相冲突。乔治·普顿厄姆（George Puttenham）的修辞书旨在帮助十六世纪的学生踏上"从马车到学校，再入宫廷（court）"的道路；一旦成为廷臣，学生就不能暴露他曾是"手工艺者"的身份，否则就会"被轻视并送回到工坊之中"。[3]

但是，那种"技巧"和"理论"相对的二元论（这是对亚里士多德的 *techne* 与 *episteme* 相对粗略的翻译）在不守规矩的情况下适用，却不适用于中规中矩的例子。由于在拉丁语文献中，*techne* 总被译作 *ars*，英语中也就常把它译为"工艺"（art）。然而，将 *ars* 译成"手艺"也是非常合适的，正如乔叟（Geoffrey Chaucer）的《百鸟议会》中以希波克拉底（Hippocrates）的警句 "*ars longa, vita brevis*" 的一种翻译开场：

生命之路短暂，手艺之道漫漫

同样，不少文艺复兴时期的技术手册都取名为《＿＿＿＿＿＿＿的手艺》。

做事与思考是相辅相成的实践。柏拉图常用手艺隐喻来描述智识的追求（如治国的手艺——*statecraft*），而亚里士多德承认 *techne* 可以包含对自身实践的理论性反思。苏格拉底的一位问话者曾经嘲笑他道："你不停地谈论鞋匠、漂洗工、厨子和医生，就好像咱们的讨论是关于这些人的。"[4] 诚然，这些对话本就是关于这些人群的：思考如任何物质贸易一样，是一门手艺。

历史学家发现，在科学革命（Scientific Revolution）之前，"制造者的知识"是由手工艺者创造的，而后者的方法产生了真正的经验洞见。比如，阿德里安·柯南（Adriaen Coenen）是十六世纪荷兰一位未受过学校教育的鱼贩，他在半个多世纪的时间里写了一本记录册（memory book）。其中对渔人生活以及潮汐的编年体记录成了现代生物学家的珍宝。[5]

我的朋友约翰·拉提莫（John Latimer）一生都在记录他在明尼苏达州北部乡间投递信件的路旁植被的季节性变化。他做笔记长达四十年之久，追踪了动物迁徙、开花季节以及天气变化的现象。这本物候学笔记目前正被哈佛的科学家们当作气候变化的证据加以研究。给橡树缘国家实验室工程（Oak Ridge National Laboratory project）投资了几亿美元的首席研究员独具慧眼，并没有因为约翰的学历不够就不屑一顾，而是因他那出色的深度领域知识——在田野中获得的知识——聘用了他。

一句话说，"制造亦为思考"[6]。或者，借用出版 1623 年莎士比亚对开本的编辑们的话："他的脑，他的手，并驾齐驱。"你难道不希望你的脑和手并驾齐驱吗？这种心手合一的创作适用于从实物到哲学论证的一切过程。手艺既是认知活动，又是身体力行的，正如乔治·黑尔（George Hale）在其 1614 年的剑艺手册中所赞美的那样："手足并用，眼脑合一。"[7]

"技艺"的词源揭示出，在它成为一种行当或职业（被相关行会、公司及各种联盟捍卫着）之前，它首先是一种长处、一种权势、一种原力（strength, power, force）。即，技艺让某种材料发生物理变化，比如早期的就地取材的那些工具发明。很快，这种改变事物的能力就被分别为一门技巧或艺能，一种灵巧的创造力。

用"crafty"形容人诡计多端则是后来的事了。正如弗吉尼亚·伍尔夫所指出的，这一词意的改变使得"两种原本不合的想法"同负一轭："一是从固有物质中创造出有用之物"，另一种是"谎话连篇、居心叵测"。[8]莎士比亚在用"craft"一词的时候常意指精明者；他唯一一次使用"匠人"（craftsmen）一词，是在《理查二世》中，理查二世充满鄙夷地对布灵布洛克（Bolingbroke）"强作笑容，以便讨好穷苦匠人的欢心"的礼节表示不屑（第一幕第四场第 28 行）。

罗伯特·艾敏（Robert Armin）是十七世纪初期在莎剧中扮演丑角的演员。他同样重复使用这个词以游戏于它的几种不同意思（这种做法的技术专用词是同字双关——*antanaclasis*）：

> 匠人们要清白掩盖良善诡计，
> 就得在他的手艺上多费心机。[9]

这种"手艺与心机并驾齐驱"[10]的用法带有诡诈意味，暗示"制造"的认知维度。无论在物质的还是概念的层面上，手艺都与"材料"有着亲密的、相互交融的关系。材料抗拒、推挡的方式呈现于"与材料和施行手段的对话中"[11]。手工艺匠人卡萝兰·布罗德海（Caroline Broadhead）把制作称为"与材料的交换——你给它什么，它又还给你什么"[12]。

我想到史前洞穴中，岩壁的弧度启发作画者"将岩石上凹凸不平的纹理纳入作品呈现当中，使画中的具象更生机勃勃且有立体感……，就好像有些动物本来就藏在岩石当中，等待着艺术家用炭笔和颜料将它们找出来"[13]。艺术家们用相似的语汇描述创造的过程：仿佛他们"释放"了材料本身具有的某种形态。正如十八世纪的散文家约瑟夫·艾迪逊（Joseph Addison）（暗引亚里士多德）所言：

> 一座雕塑藏在大理石岩块中；……雕刻的艺术不过是清理多余的物质，摒弃其中的垃圾。形象本就在岩石中，而雕塑家只是发现者。[14]

理查德·森奈特（Richard Sennett）观察到，与对象的物质抵抗相搏的经验，可以训练人更好地面对社会层面的抗力，因为一个人必须明确他所能发挥影响力的地方（何处你能推动，何处必须放弃）。C. 赖特·米尔斯（C. Wright Mills）更进一步，指出一个匠人"在完善其手艺的过程中也塑造了他的自我"[15]。

艾迪逊也曾说："雕刻艺术之于大理石岩块，正如教育之于个人的灵魂。"

一个手艺人可以将普通的物品变成她所特有的工艺品。她将一种共有物质变成了属于她的私有物品——正如雕塑家手下的岩石不再属于自然，而成为其个人的财产。[16] 在这个过程中，思维习惯随着重复出现的物理特性发生了演化，手艺人也不断地回归到这个过程之中。

从这个意义上讲，手艺不仅源自经验，而且需要积聚。由此而来的习惯可以被分享给他人，被他人试验且评价，即在公共领域中，循环往复地证实（proving）某种技艺，并共同优化（im-proving）它。这就是领域中的同人所施行的内部"质量控制"。

渐渐地，这些技巧沉淀下来，成为在群体中代代相传和共享的一套恒常策略的"语法"。当某人做一项有意义的工作时，"前人的思虑就引导着他们的双手"[17]。有经验的那些人将新手带入正轨。虽然这些需要心领神会的模式可以被制作为程序，但"手工"本身却是难以言说的。

就算手工的"秘密"被印刷成册出版，活计本身仍需——当然啦，练习。它所包含的那些难以记录成册的惯用做法只能依靠口口相传，通过人亲身的示范、观察、模仿、纠正和调整。身体力行这套知识，学会在限制范围内因地制宜，欣赏用有限的资源解决问题的实践——这就是学徒的生涯。

现如今，学徒生涯颇受诟病。原因之一，是我们并不像早期现代体系下所做的那样，承诺在学徒生涯结束时，为从业者提供就业的机会。（虽然，早在 1621 年罗伯特·伯顿［Robert Burton］就抱怨："在大多数行当和职业中，一个人做了七八年学徒之后，就能靠手艺自食其力。……在我看来只有学者们是最不稳妥、不受尊敬的，担风险、历艰辛。"[18]）

真正的学徒生涯需要足够的耐心。它要求停顿和重复的训练，以检验过程，并确定下一步的方向。手艺诚然是面向未来的（因为它的目的是成就它的对象），也依赖过去的经验，但它却总是在当下展开，用木工彼得·科恩（Peter Korn）那颇具韵味的话来说，"是在时间中流淌的对话"[19]。你观察为什么你的示范者要采取某些步骤，是为了学会并优化他们的步骤，以超越他们。

学徒生涯也需要施展身手的空间：教室、工坊、画室、戏院。正如克里斯托弗·亚历山大（Christopher Alexander）所写的那样："把每个领域和办公场所的每一个工作小组当成学习发生之处——因为在那些地方有师傅和一群学徒。"[20] 场所为受过训练的专注力提供了聚焦点。

最后，学徒生涯也包含判断、审视、评价等过程——并产生"手艺的愉悦"：

> 在工匠的活计中，有往复于实用价值与美感的运动。这一循环往复的运动有一个名字：愉悦。当某事物令人愉悦，那说明它既实用又美好。[21]

手工艺是在合作的环境中形成的。在那里，技艺在彼此的碰撞中被打磨。这个空间的特点是专业技艺的分级，正如知识被不断提炼、变得丰富，或是被经验完全更改[22]。完美的技能永远也不会到来。"我们都是学习手艺的门徒，没有人能成为大师。"[23]

然而，确实存在不同等级的权威，虽然有些人对此愤愤不平。（我那已经退休的同事珍妮·布雷迪［Jenny Brady］曾受到过一个愤慨的学生如此的评价："她以为她比我们懂得多！"）

这种训练——这样的传统——被传承的方式，就好像必须努力争取才能获得的遗产。虽然今日我们会用"大师作品"来形容职业生涯的最终结果，但是在学徒的体系下，一个"大师作品"却有着奇异的形态：它证明你能胜任这项手工活所要求的每一种任务。只有达到那里，你才做好了向前一步的充分准备，有资格成为一个独立（且有独见）的从业者。这样的"大师作品"有点像学校的"结业式"（commencement）——是开始，而非结束。

莎士比亚的"戏剧制造"延展了早期工艺行会的编剧试验：

> 匠人的"形式"是在制作的过程中学会的，来自无数的例子，而非现成的菜谱或者配方。他工作起来好像一个优秀的厨子。那些莎士比亚年代的菜谱足以让人发疯："取适量茴香调味。"熟悉度与习惯经验，是七年的漫漫学徒生涯培育出了成熟的匠人。

> 对英国人来说，写诗和写戏剧的手艺早就为人所熟知。这是一种"温和"的手艺——就像木工或是金属精工那样。[24]

这个奇喻在莎士比亚有生之年是人们耳熟能详的。连本·琼生（Ben Jonson）在用反话赞美莎士比亚是个"天然的"诗人时，也曾描绘这位前辈锤炼他的字句，如同希腊神话中的赫菲斯托斯（Hephaestus），那位工匠的始祖，"以技艺扬名"：

> 要想写出传世佳句，就得汗流浃背
> ……在那缪斯的铁砧上

再锤热一番。[25]

琼生还在另一处给"诗艺"下了定义，唤醒它在希腊文中表示"制造者"的词根：

> 如前所述，一首诗即诗人的作品，是他辛劳和钻研的成果。诗艺就是他的技巧和制作手工；正是虚构（fiction）本身，既是这工的缘由，亦为其形式。[26]

制作的手工艺——如此，才能像莎士比亚和他那"精巧凑成的语词"[27]一般思考。

或者，换用更妙的词："意志（will）的手工技艺"[28]，这个精巧凑成的语词融合了制作者的标志，他的目的和名字*。

注释

1　1951年9月29日，《E. M. 福斯特1929—1960年英国广播电台访谈选编》（*The BBC Talks of E. M. Forster, 1929–1960: A Selected Edition*），密苏里大学出版社（University of Missouri

---

　　* Will既指"意志"，又是威廉·莎士比亚的名字简写：William——Will。

Press），2008 年，第 412 页。

2 《工艺的艺术》（*The Nature and Art of Workmanship*），剑桥大学出版社（Cambridge University Press），1968 年，第 20 页。

3 《英语诗歌艺术：详注版》（*The Art of English Poesy: A Critical Edition*），弗兰克·辉格姆（Frank Whigham）与韦恩·A. 雷柏霍恩（Wayne A. Rebhorn）编，康奈尔大学出版社（Cornell University Press），2007 年，第三卷，第二十五章，第 378–379 页。

4 卡里克勒斯（Callicles）对苏格拉底说的话，《高尔吉亚篇》（*Gorgias*），第 491 页。

5 他那些精美的素描复制品可见于《鲸鱼之书：阿德里安·柯南在 1585 年描画的鲸鱼和其他海洋生物》（*The Whale Book: Whales and Other Marine Animals as Described by Adriaen Coenen in 1585*），里克欣图书公司（Reaktion Books），2003 年。

6 理查德·森奈特（Richard Sennett），《匠人》（*The Craftman*），耶鲁大学出版社（Yale University Press），2008 年，第 i 页。

7 《辩论秘术》（*The Private Schoole of Defence*）。

8 《匠人技艺》（Craftsmanship）（1937 年 4 月 20 日），《在空袭中思考和平》（*Thoughts on Peace in an Air Raid*），企鹅出版社（Penguin），2009 年。

9 《智答提问：一个被质问的小丑的机巧应对中的变化之道德变形记》（*Quips upon questions, or, A clownes conceite on occasion offered bewraying a morrallised metamorphoses of changes upon interrogatories*, 1600）。在如今可以被看作最早的英语词典之一的书中，托马斯·艾略特（Thomas Elyot）将 "Techna" 定义为 "一种手艺，也指机敏，或微妙手段"。

10 玛格丽特·阿特伍德（Margaret Atwood）评论路易斯·海德

（Lewis Hyde）的《魔术师制造了这世界》（*Trickster Makes This World*）时所言，《洛杉矶时报》（*Los Angeles Times*），1998 年 1 月 25 日，第 4 页。

11　克劳德·列维－斯特劳斯（Claude Lévi-Strauss），《野性的思维》（*The Savage Mind*），芝加哥大学出版社（University of Chicago Press），1966 年，第 29 页。

12　对"什么是技艺"这一问题的回答：http://r-kelly1316-dc. blogspot.com/2015/11/what-is-craft.html。

13　奇普·瓦尔特（Chip Walter），《最早的艺术家》（First Artists），《国家地理》（*National Geographic*），2015 年 1 月，第 57 页。

14　《观察者》（*Spectator*）第 215 期（1711 年 11 月 6 日）。这一段文字以及上千篇其他文章都可以在布拉德·帕萨耐克（Brad Pasanek）的"匆促而就的选集"中找到，《头脑是一个隐喻》（*The Mind Is a Metaphor*），http://metaphors.iath.virginia.edu/metaphors/10705。

15　《论智力的手工技艺》（On Intellectual Craftsmanship），《社会学的想象力》（*The Sociological Imagination*），牛津大学出版社（Oxford University Press），1959 年，第 196 页。

16　大卫·罗文塔尔（David Lowenthal），《过去是异国他乡——再访》（*The Past Is a Foreign Country-Revisited*），剑桥大学出版社（Cambridge University Press），2015 年，第 85 页；作者引用了十六世纪教育者约翰奈斯·史图尔姆（Johannes Sturm）的《论模仿》（*De imitatione*），后者则引用了贺拉斯（Horace）的《诗艺》（*Ars poetica*），第 131 页："让公共的材料成为私人所有物。"

17　威廉·莫里斯（William Morris），《有用的工作与无用的劳力》（*Useful Work versus Useless Toil*），社会主义联盟办公室

（Socialist League Office），1886 年，第 21 页。

18 《忧郁的解剖》（*The Anatomy of Melancholy*），第 130–131 页。

19 《我们为什么造东西及这样做的重要性》（*Why We Make Things and Why It Matters*），大卫·戈丹出版社（David Godine），2013 年，第 31 页。

20 《形式的语言》（*A Pattern Language*），牛津大学出版社（Oxford University Press），1977 年，第 83 页。

21 奥塔维奥·帕兹（Octavio Paz），《看见与使用：艺术与匠人技艺》（Seeing and Using: Art and Craftsmanship），《汇聚：艺术与文学论文集》（*Convergences: Essays on Art and Literature*），哈克特·布雷斯·约瓦诺维奇出版社（Harcourt Brace Jovanovich），1987 年，第 58 页。见编程师弗莱德·布鲁克斯（Fred Brooks）所作章节 "手艺的愉悦"（The Joys of Craft），《神秘人之月：软件工程论文集》（*The Mythical Man Month: Essays on Software Engineering*），艾迪森－卫斯理出版社（Addison-Wesley），1975 年，第 23–24 页。

22 查尔斯与雅内特·迪克森·凯勒（Charles and Janet Dixon Keller），《随着铁思考和行动》（Thinking and Acting with Iron），《理解实践》（*Understanding Practice*），让·拉夫（Jean Lave）与塞斯·柴克琳（Seth Chaiklin）编，剑桥大学出版社（Cambridge University Press），1993 年，第 127 页。

23 厄内斯特·海明威（Ernest Hemingway），《纽约杂志——美国人》（*New York Journal-American*），1961 年 7 月 11 日。

24 穆里尔·克拉拉·布莱德布鲁克（Muriel Clara Bradbrook），《莎士比亚，那位手工艺人》（*Shakespeare, the Craftsman*），剑桥大学出版社（Cambridge University Press），1969 年，第 75 页。

25 《纪念我那备受爱戴的师傅威廉·莎士比亚，以及他给我们留下的》（To the Memory of My Beloved Master William Shakespeare, and What He Hath Left Us），引自 1623 年对开本的前言，第 59-61 行。

26 《木材，或探索》（*Timber, or Discoveries*），《本·琼生》（*Ben Jonson*），第八卷，《诗歌；散文作品集》（*The Poems; The Prose Works*），C. H. 赫福德（C. H. Herford），P. 辛普森（P. Simpson）与 E. 辛普森（E. Simpson）编，牛津大学出版社（Oxford University Press），1947 年，第 636 页。

27 弗朗西斯·米尔斯（Frances Meres），《帕拉斯的女管家——妙语宝鉴》（*Palladis Tamia, Wits Treasury*，1598）。对比莎士比亚在《维纳斯与阿多尼斯》（*Venus and Adonis*）的致辞中为自己那"未经雕琢的词句"的谦逊致歉。

28 《情人的埋怨》（*A Lover's Complaint*），第 126 行。

四、合宜

> 一句话说得合宜，就如金苹果在银色的图画里。
>
> ——《圣经·箴言》25:11，据1611年译本*

　　西塞罗讲得好：无论在生活中还是在言语中，都没有什么比理解何为合宜更加重要。[1] 教育家们总是为了不能确定什么是"合宜的"而忧心忡忡，难以清晰地说明（更不用说传递）它的意思。"合宜度"，或说行为与预期相符合的程度，来自对不断变化的环境条件的敏锐感知：受众、场所、资源、场合（在希腊语中为 kairos——也可以是靶心、目标的意思）。都铎时代伊索克拉特斯（Isocrates）的

---

　　* 这一句在和合本中的翻译是"一句话说得合宜，就如金苹果在银网子里"。和合本是 1919 年出版的，虽然广泛使用，但其中有些译文并不准确，此处即为一例。1611 年的英文译本更符合希腊原文，故译者根据英文逐字译出。

《讲演集》译者约翰·拜利（John Bury）如此鼓励人们："我们必须学习如何应对一切场合，并在一切机遇和风暴中超然自处。"[2]

我不愿谈论有多少次我被告诫某个特别的机会并不"适合"我，无论就个人而言还是就职业而言。这样的告诫让人觉得被拒之于千里之外，而且很不公平，因为仿佛并没有清晰的标准来界定什么是"合宜"的。

不过，作为读者，我们都有这样激动人心的经历：当偶然读到一句极精巧的话时，骤然觉得信服：它"实在是合宜又恰当"[3]。正如亚历山大·蒲柏在他的《论批评》（1711 年）中所说："真正的机巧，是巧装的浑然天成，/虽意中常有，却从未如此精准地经人道出。"（第 97–98 行）

这样的措辞往往不仅恰如其分，更能提升我们的理解，并因为它的清晰明了而能使我们超越"意中常有"。我们感到自己抓住了以往总会一闪而过的真理。是措辞的方式引领我们的思想，使之能够升华。

蒲柏把思想和表述分别开来（通过对偶句的平衡结构表现这二元对立）。不过，词语并不仅仅是思想的外衣。蒲柏理想中的作品是通篇各处都恰好合宜（第 294 行）："恰好"，出自"恰好如此，精确……分毫不差，丝丝入缝"[4]。

但是，他那"合宜"到底指的是什么？蒲柏提到的"外衣"可以帮助我们理解。莎士比亚和他的同时代人都来自手工艺行业，而后者多与流行和服装相关。在此处，"合宜"可以是穷乏与殷实之间显而易见的差异。

莎士比亚最初可能是在他的老家接触手工艺行业环境的，在一个手套商的工坊里。他在一个手工艺世家中成长起来，算是英国社会的中产阶级。他同时代的多数作家都是如此：乔治·皮尔（George Peele）的父亲是个盐商；安东尼·芒戴（Anthony Munday）的父亲是个布商；亨利·切特尔（Henry Chettle）的父亲是个染坊主；罗伯特·格林（Robert Greene）的父亲则是个马具商人。托马斯·洛奇（Thomas Lodge）的父亲是个食品杂货商；本·琼生的继父是个砌砖工；托马斯·米德尔顿（Thomas Middleton）接触过两个行业，他的继父开食品杂货铺，而他的父亲则是砌砖工人。艾德蒙·斯宾塞（Edmund Spenser）的父亲可能是个给远途旅行者做衣服的裁缝，而加布里埃尔·哈维（Gabriel Harvey）则是缆绳商的儿子——他那尖刻的对手托马斯·纳什（Thomas Nashe）如此取笑他说：

> 要是我有个做缆绳商的父亲，而且因此被人嘲弄，我就会写篇文章赞美缆绳商，并且用三段论证明那手艺位列七艺之中。[5]

克里斯托弗·马洛（Christopher Marlowe）的父亲一直做到制鞋公司的司库。制鞋是最接近制作手套的工艺过程。（德语中的"手套"一词是 Handshuh——"手鞋"。）这两个行业都用皮革做材料，也同样需要手工技艺：拉皮，风干，硝皮，染色，裁剪，缝合，装饰。两个工坊都同样臭气熏天——因为制皮的过程中会用到尿液和粪便（我的孩子们在嗅埃文河畔斯特拉福德的"闻闻看！"箱子时，鼻子遭难后才发现这一点）。

在工艺过程的第一个阶段，皮革被一把又长又圆的刀具刮擦——莎士比亚如此回忆这个工具："他难道不是留着一把像手套商的刮削刀那样大而圆的胡子吗？"[6] 原始材料需要被精细地处理之后才能成为可消费的商品。为了减少浪费，他们在裁剪的时候需要格外小心。

工坊中的历练可以锻炼人的良好品行：高效，先见，加工过程中不同步骤的衔接，对于产品的一种"直觉"把控。这样的一个家庭将会把孩子带到一整个话语体系和群体当中，而莎士比亚回忆起这一点时显然是自豪的：

> 第一叛徒：哦可悲的时代！工匠们都没有了好品行。
>
> 第二叛徒：贵族们都嘲笑起皮围裙来了。[7]

我怀疑，莎士比亚也听过房地产行业关于"地段，地段，地段"[8] 的那句老话：斯特拉福德市场中黄金地段的不少铺位属于生意兴隆的手套商。

时尚业要求从业者有时间直觉——知道什么时候某物

已经过时了，就算裁剪精细合体，也不再适合时下流行⁹。知识很重要——除了要了解市场行情，还要了解客户的身体，包括他们的手指和脚趾，甚至他们的天生秉性。正如萧伯纳（Bernard Shaw）作品中的硝皮匠抱怨人们并不能看出他的生活已经全然改变：

> 只有一个人做得合情理，那就是我的裁缝：他每次见到我，都要重新给我量尺寸，而别的人总是期望原有的旧尺寸仍然能适合我。¹⁰

这样的"量身裁剪"，就如同莎士比亚后来为他的剧社成员量身打造的那些角色。¹¹骗子欧陶利克斯知道如何为了编造谎话裁剪歌曲捞一把，他比起那些给顾客做手套的帽子商强多了。¹²另外，在第 111 首十四行诗中，作者表达了技艺塑造手艺人的意思："我的本性屈从于 / 我工作的环境，就如同染匠的手一样。"

大卫·拜恩（David Byrne）不同意创造力源于情感与激情的这种传统幻想，却论证说我们需要让作品符合已有的形式：

> 裁剪的过程——裁剪成适合某个语境的形式——大多是无意识的、本能的……。天才——一个真正精彩绝伦、值得铭记的作品的产生——似乎总是在某物

完美符合语境时出现……。当恰当的事物被放置在恰当的地方时，我们被打动了……。［艺术就是把物体］放置在已有的形式中，或者重塑它们的形式，使其完全适应一些正发生的语境。[13]

怎样的"适合"才算是好的呢？不合适的很容易被识别，只要看是否某人做不好某事，甚至完全走形（或者两者皆有）。在《辛白林》中，呆头呆脑的克娄顿以为，既然他穿着另一个角色的服装"合身"，"裁缝是上帝造的，他的爱人也同样是上帝造的，为什么总是和我格格不入呢？"[14]。本书图2中的人穿着不当，手上套着靴子，脚上穿着手套。整个世界也上下颠倒，车在马前面跑，"猫也大祸临头，担心被老鼠咬"[15]。但是从另一面说，想要把合宜的所有特质一一描述清楚，是不可能之任务。不过，我们仍然常感受到合宜，那种难以捉摸的形式和语境融合得恰到好处——也就是拜恩口中的"恰当"，或是弥尔顿所寻求的他的作品的"适合听众"，如同把手放到手套里。[16]

在莎士比亚的戏剧作品中，手套有可能代表爱情、阶级、誓言和冲突。手套的仿生贴合度表达了主体与客体的亲密契合，比如罗密欧渴望成为"那只手上的手套，我便好触碰那面颊！"[17]。

克瑞希达将她的衣袖称为爱的信物，想象特洛伊罗斯：

> 躺在床上
> 想你和我；他在叹息，拿起我的手套，
> 一面回忆，一面轻轻地吻着它，
> 就像我亲你一样。[18]

理查德·巴恩菲尔德（Richard Barnfield）用迷人的十四行诗让一个"甜美的男孩"

> 把这手套放在你的心上，
> 戴上它，把它放在你的胸臆中，

当这男孩回应"这怎么成？……手套是戴在手上，不是戴在心上的"的时候，巴恩菲尔德解开了他的谜语：

> 若取走手套（glove）上的"g"，
> 手套就是爱：所以我把它送给你。[19]

修辞学中，此类主体与客体之间的契合对应的语词是"得体"（decorum）：根据人物、地点、时间决定文体风格的高低。[20] 亚里士多德将得体称为"呼应主体"；弥尔顿认为其是"值得细察的大师作品"。里昂·巴蒂斯塔·阿尔伯蒂（Leon Battista Alberti）则将这个概念用在建筑学上："［建筑物的］每个结构都应当被安排在恰当的位置和合适的环境。"[21]

威廉·霍加斯（William Hogarth）如此重视"合宜"，以至于在他论述美的著作中，整个第一章都用来评说它："整体设计中每一部分的合宜最能够决定整体的美感。"[22]我发现那"部分到整体"的概念是最不容易把握的，但却是阅读时最关键的因素。我仍要说，并没有分辨的规律，但你可以感觉到。学习思考就意味着找到那种"感觉"，很像面包师感受面团的质地，又如同医生按压患者身体的某个部位，或者水手握着舵柄。这些触觉都形成于效法"合宜"的过程。

伊丽莎白时期的乔治·普顿厄姆找到了"得体"的两个英语近义词：

> 美观（seemliness），也就是那悦人眼目的形状和外观。我们也可以将它称为可人（comeliness），因为它能为我们带来快乐。[23]

其他人也想到了端庄、合体、优雅、自适等词语。无论我们如何称呼它，"合宜"就是像一个裁缝裁剪布料那样裁剪词语。正如菲利普·西德尼爵士在他的《埃斯托菲尔与丝黛拉》（*Astrophil and Stella*，1591）中第 1 首十四行诗中所述："我寻求合宜之词"。

在思考这门手艺中并不存在一以贯之的准则。在《终成眷属》中，伯爵夫人取笑弄臣枉费心机，"找不到解决所有问题的惟一答案……就好像剃头师傅的椅子装不下所有人的屁股"。她怀疑地说："要是真有这样一个答案，它必是庞然大物，才能满足所有要求。"行为也需要恰当合宜："行为要合乎言语，言语与行为一致。"[24]

虽然"个性化学习"是新潮的科技教育热词，实际上它却意味着非"人性"化学习，因为学习者通过屏幕被算法远程监控。[25]真正量体定制的教学来自熟知学生需求、潜力和兴趣的教师们——他们愿意花时间去适应，根据学生情况调整教学任务，也让学生去适应教学任务。

《第十二夜》中的费斯蒂清楚地说明了"语言如皮具一般合身"的比喻："聪明人能把一句话的意思颠倒得像山羊皮手套一般：多么快地就可以把里面翻到外面！"莎士比亚在另一处比喻材料柔软可伸缩，如同"小羊皮般的良心，照着你的喜欢拉长一些"，又或者"如小羊皮一样的机智，能从一英寸扯到一米多长！"如今我们可以称之为智识那柔韧能屈的本性。[26]这个观念已经成了谚语——他的良心像小羊皮一般能伸能缩（he hath a conscience like a cheveril's skin）[27]——而莎士比亚则根据他自己的意图延伸了谚语的含义。一个技艺娴熟的手艺人总能找到办法，使事物如同皮具一般包裹住一双巧手，却将那手的曲线显露无遗[28]。

当文艺复兴时期的廷臣试图优雅地行动时，他们显得仿佛并非刻意不让技艺显露，反倒将其隐藏[29]。有一个时髦的词被用来称呼这个策略：sprezzatura，或是富于机巧的拙稚，依着米开朗琪罗（Michelangelo）的信条：不遗余力地创造看似浑然天成的艺术品[30]。正如 W. B. 叶芝所说的：

> 一句也许要花几个小时写成；
>
> 然而它若不像是一瞬间的灵光乍现，
>
> 诗人的推敲与穿凿便枉费了心机。[31]

你要是细细地查看他起草诗句的手稿，就能明白叶芝的意思。最终的作品虽然显得天衣无缝，但诗人不知花了多少个小时才让那接缝无迹可寻。

我喜欢莎士比亚剧中角色似乎笨拙地修改他们的想法以更好适应时事的那些瞬间。比如，理查二世想为自己造"一个坟墓"，之后把这个念头改成了"一个小小的、小小的坟墓"——这萎缩多么微妙。又如普洛斯帕罗宣告，他大费周章制作特效的宏大婚礼游行却"消失在空气里"了——而后，就好像要捕捉到那并无实体的虚幻飘走时幻梦一场的感受，把他的描述改成"烟消云散了"[32]。我想到了弗朗西斯·喀尔勒斯（Francis Quarles）在 1643 年创

作的铭图 *：

> 我的灵魂啊，什么比羽毛更轻呢？是风。
>
> 比风更轻呢？是火。又是什么，比火更轻呢？
> 思想。
>
> 什么比思想更轻呢？一个念头。比念头更轻呢？
>
> 这个泡沫一般的世界。什么比这泡沫更轻呢？
> 无有。[33]

思考在你面前转瞬即逝，正如念头飘走，消失在空气中——烟消云散了。

又或者，我们可以借着写作这件需要把不同事物拼凑在一起的手艺想一想"恰到好处"（fitting）这件事。"适合"（apt）这个词（又一个早期现代英语中"合宜"的近义词）的词根是 apere，这一动词本来的意思是指把东西搭配在一起，如同木工、细木匠、纺织工、修风箱匠、补锅匠、裁缝等的活计（这些职业都出现在《仲夏夜之梦》里）。如同教书、写作、思考一样，这一类的手艺活儿都要

---

* 铭图（emblem）是文艺复兴时期特有的文化产品，是使用象征性图像、文字及形状等表达伦理、自然哲学、科学、政治、宗教等题材的一种印刷品。典型的铭图包含三个部分：座右铭.（inscriptio）、神秘图画（pictura），以及警句（epigram）。许多谚语，如"爱是盲目的"，都在不同的铭图中有具象的表达。

求柔性，把不同配件穿插搭配在合适的地方，在正好的时机，使它们变得更加强韧。

在莎士比亚生活的时期，已经有许多诗句被署上了他的名字，虽然我们知道这些诗句不是他写的。（到了十八世纪，一些古董也开始被当成是他的——甚至还出现了据说是莎士比亚戴过的手套！）[34] 有一段冒名顶替的小调出现在弗兰西斯·费恩爵士（Sir Francis Fane）的杂录中：

> 礼物虽小，
> 情谊至宝，
> 亚历山大·阿斯匹瑙。[35]

这个杜撰的故事是这样的：阿斯匹瑙是斯特拉福德的教师，于 1594 年从莎士比亚的工坊里买手套时，得莎士比亚赠诗给其新娘。"唯一的礼物是你自己的一部分，"爱默生宣称，"因而赠送美好而非实用的，才是合宜。"[36]

── · 注释 · ──

1 《论演说》（*De oratore*），第 69–70 页，引文为拉丁语原文的英语翻译。

2 引自雷西·鲍德温·史密斯（Lacey Baldwin Smith），《都铎王朝的叛国罪：政治与被迫害妄想症》（*Treason in Tudor*

England: Politics and Paranoia），普林斯顿大学出版社
（Princeton University Press），1966年，第87页。

3   亚伯拉罕·林肯（Abraham Lincoln）葛底斯堡演说。他在第
二篇就职演说中也再次使用了"合宜又恰当"这个表达。

4   以下是本·琼生赞扬莎士比亚的原话：

> 自然女神为他的精妙设计而骄傲，
> 为穿着他的华丽词句而心满意足，
> 它们的编织是如此丰富而又合宜，
> 从此以后，她不再眷顾别的才子。

《纪念我那备受爱戴的师傅威廉·莎士比亚，以及他给我
们留下的》（To the Memory of My Beloved Master William
Shakespeare, and What He Hath Left Us），引自1623年对开本
的前言，第47-50行。

5   《托马斯·纳什作品全集》（*The Works of Thomas Nashe*），第
一卷，罗纳德·B. 麦克罗（Ronald B. McKerrow）编，A. H. 巴
伦出版社（A. H. Bullen），1903年，第270页。

6   《快乐的温莎巧妇》（第一幕第四场第17-18行）。

7   《亨利六世 中》（第四幕第二场第10-12行）。

8   据说德摩斯梯尼（Demosthenes）坚持认为在演说中最重
要的三件事就是"表达"，"表达"，和"表达"。普鲁塔克
（Plutarch），《十位演说家生平》（*The Lives of the Ten Orators*），
哈罗德·诺斯·富勒（Harold North Fowler）编，哈佛大学出
版社（Harvard University Press），1960年，第419页。

9   《终成眷属》（第一幕第一场第146行）。

10 《人与超人：哲理喜剧》（*Man and Superman: A Comedy and a
Philosophy*），布伦塔诺出版社（Brentano's），1922年，第37页。

11 "量身裁剪"为理查德·贝克爵士（Sir Richard Baker）言，
《复活的剧场》（*Theatrum Redivivum*, 1662），引自蒂凡尼·斯

特恩（Tiffany Stern），"制作过程"（Production Processes），《剑桥莎士比亚的世界指南》（*The Cambridge Guide to the Worlds of Shakespeare*），布鲁斯·R. 史密斯（Bruce R. Smith）编，剑桥大学出版社（Cambridge University Press），2016 年，第 123 页。

12 《冬天的故事》（第四幕第四场第 190–191 行）。

13 《音乐的原理》（*How Music Works*），麦克斯韦尼出版社（McSweeney's），2012 年，第 29 页。

14 《该撒遇弑记》（第二幕第一场第 153 行）；《辛白林》（第四幕第一场第 3–4 行）。

15 这话出自维多利亚时代诗人威廉·布莱提·兰兹（William Brighty Rands）的《颠倒世界》（Topsyturvey-World），被娜塔莉·莫尚（Natalie Merchant）谱曲后成为单曲《离开你的睡眠》（*Leave Your Sleep*, 2010）。

16 克里斯托弗·亚历山大（Christopher Alexander），《关于形式融合的笔记》（*Notes on the Synthesis of Form*），哈佛大学出版社（Harvard University Press），1964 年，第 16–18 页；《失乐园》（*Paradise Lost*）（第七章第 31 行），《约翰·弥尔顿诗歌与重要散文作品全集》（*The Complete Poetry and Essential Prose of John Milton*），威廉·凯利根（William Kerrigan），约翰·郎姆里奇（John Rumrich）与斯蒂芬·M. 法隆（Stephen M. Fallon）编，现代文库出版社（Modern Library），2007 年。

17 《罗密欧与朱丽叶》（第二幕第一场第 66–67 行）。

18 《特洛伊罗斯与克瑞希达》（第五幕第二场第 77–80 行）。

19 《辛西娅》（*Cynthia*, 1595）中的第 14 首十四行诗。

20 托马斯·威尔森（Thomas Wilson），《修辞艺术》（*The Arte of Rhetorique*, 1560），乔治·赫伯特·迈尔（George Herbert Mair）编，柯莱伦登出版社（Clarendon Press），1909 年，第

170 页。

21 亚里士多德（Aristotle），《修辞学》（*Rhetoric*）第三卷第七章，弗里德里克·索伦森（Frederick Solmsen）编，现代文库出版社（Modern Library），1954 年，第 178 页；《弥尔顿教育学论集》（*Milton's Tractate on Education*, 1673），奥斯卡·布朗宁（Oscar Browning）编，剑桥大学出版社（Cambridge University Press），1883 年，第 16 页；里昂·巴蒂斯塔·阿尔伯蒂（Leon Battista Alberti），《论建筑》（On Building, 1485），《现代建筑学起源：从 1000 年至 1810 年的历史记录》（*The Emergence of Modern Architecture: A Documentary History from 1000 to 1810*），莲娜·勒菲弗勒（Liane Lefaivre）与亚历山大·丛尼斯（Alexander Tzonis）编，劳特利奇出版社（Routledge），2004 年，第 57 页。

22 《美的解析》（Analysis of Beauty, 1753），《现代建筑学起源》，勒菲弗勒与丛尼斯编，第 330 页。霍加斯（Hogarth）的话呼应着安德丽亚·帕拉迪奥（Andrea Palladio），同样强调美"来自……整体如何联系局部，以及局部之间和它们与整体的关系"。《建筑学四部曲》（*The Four Books on Architecture*, 1570），罗伯特·特弗讷（Robert Tavernor）与理查德·肖菲尔德（Richard Schofield）译，麻省理工学院出版社（MIT Press），2002 年，第 7 页。

23 《英语诗歌艺术》（*The Art of English Poesie*, 1589），弗兰克·辉格海姆（Frank Whigham）与韦恩·A. 雷柏霍恩（Wayne A. Rebhorn）编，康奈尔大学出版社（Cornell University Press），2007 年，第 348 页。

24 《终成眷属》（第二幕第二场第 14–32 行）；《驯悍记》（序幕第 83 行）；《哈姆雷特》（第三幕第二场第 16–17 行）。

25 关于剖析教育科技产业的前景如何黯淡的文章，此处仅列举四篇：迈克尔·戈德塞（Michael Godsey），《K-12 教师的解构：当孩子们能在网上学课程，课堂教学还有什么好做的？》（The Deconstruction of the K-12 Teacher: When Kids Can Get Their Lessons from the Internet, What's Left for Classroom Instructors to Do?），《大西洋月刊》（*Atlantic*），2015 年 3 月 25 日；克里斯蒂娜·利兹加诺夫（Kristina Rizganov），《硅谷的大资金助力重塑美国教育内幕》（Inside Silicon Valley's Big-Money Push to Remake American Education），《琼斯母亲》（*Mother Jones*），2017 年 11 月 3 日；奈丽·鲍尔斯（Nellie Bowles），《硅谷来到堪萨斯学校中。引发了一场叛乱》（Silicon Valley Came to Kansas Schools. That Started a Rebellion），《纽约时报》（*New York Times*），2019 年 4 月 21 日；雅丽德·乌达德（Jared Woodard），《腐败的 STEM：科技是如何腐蚀教育的》（Rotten STEM: How Technology Corrupts Education），《美国国事期刊》（*American Affairs Journal*），2019 年 8 月。

26 《第十二夜》（第三幕第一场第 10-11 行）；《亨利八世》（第二幕第三场第 32-33 行）；《罗密欧与朱丽叶》（第二幕第三场第 76-77 行）。

27 参见约翰·雷（John Ray），《英语谚语全集》（*A Compleat Collection of English Proverbs*），1670 年。

28 哈利·伯格（Harry Berger, Jr.），《优雅的隐形》（*The Absence of Grace*），斯坦福大学出版社（Stanford University Press），2000 年，第 11 页。

29 安德鲁·威斯（Andrew Wyeth），1943 年，埃里克·普罗特（Eric Protter），《画家论作画》（*Painters on Painting*），格罗塞特和邓拉普出版社（Grosset & Dunlap），1971 年，第 257 页。

30 引自 F. L. 卢卡斯（F. L. Lucas），《文体：写好的艺术》

(*Style: The Art of Writing Well*，1956)，哈里曼图书有限公司
(Harriman House Limited)，2012 年，第 43 页。

31 《亚当的诅咒》(Adam's Curse)，1904 年，第 4-6 行。

32 《理查二世》(第三幕第三场第 153-154 行)；《暴风雨》(第
四幕第一场第 150 行)。我们管它叫 diacope——一种带有插
入词的重复。见米利安·约瑟夫修女 (Sister Miriam Joseph)
的《莎士比亚的语言艺术》(*Shakespeare's Use of the Arts of
Language*，1947)，保罗·德莱图书公司 (Paul Dry Books)，
2008 年，第 86-88 页。

33 《铭图》(*Emblemes*)，1643 年，第 19 页。

34 约翰·M. 斯托克霍姆 (Johanne M. Stochholm)，《加里克
的疯狂》(*Garrick's Folly*)，劳特利奇出版社 (Routledge)，
2015 年，第 24 页。

35 《牛津莎士比亚评注》(*The Oxford Companion to Shakespeare*)，
迈克尔·道博森 (Michael Dobson)，斯坦利·威尔斯 (Stanley
Wells)，威尔·夏普 (Will Sharpe) 与艾琳·苏利文 (Erin
Sullivan) 编，牛津大学出版社 (Oxford University Press)，
2015 年，第 17 页。

36 《礼物》(Gifts)，1844 年。

五、场所

［场所］是一切中首要的。
——塔伦图姆的阿尔吉塔斯
（Archytas of Tarentum，约公元前
375 年）

莎士比亚的学校是一个场所。在那里，他与其他不同年龄的人一同学习。他们都在同一个地方、同一个时间学习。

很难想出比以上更平庸的陈述了！但是这个"老套的"场景却与现今的趋势背道而驰：如今人们急迫地要求拆毁传统教室，分解教育的"成分"，给我们参与非共时、远程讨论场所的"自由"，等等。这就仿佛我们被笛卡尔的幻想驱动着，让个体成为"全部精髓或本性仅仅来自思考的一种实体，并不需要一个地方来实现其存在"[1]。

不到十年前，一些头脑发热的科技教育改革者，如塞

巴斯蒂安·思朗（Sebastian Thrun）之辈称，到二十一世纪中叶，"全世界的高等教育将会被仅仅十所机构垄断"[2]。不过，不到一年后，思朗就不得不承认大量的线上公开课程是"粗劣的产品：我们根本没办法做到传统人文学科教育提供的那种丰富且有力的内容"。他的公司由于常年无法提供免费的补偿教育，后来转向了付费的企业培训——这正与优达学城（Udacity）起初想做的南辕北辙。[3] 这才是厚脸皮（audacity）*。

那些热心推崇远程教育的人一直以来都盼望着有一天媒介系统可以脱离那令人疲倦的面对面教学模式。在他们理想的世界中，大胆的科技可以使散布四处的学生入学，教务管理者（或者更妙，用算法）在远端给他们评价。新式教学工具据说不仅比传统课堂更省钱，而且有更好的效果。

根据一位著名专家的说法，一个典型的远程学生"比起在课堂中学习同样内容的学生来，对于学科的掌握更多也更好。……有朝一日，[远距离教学]完成的工作量将会超过我们的大学教室中的工作量"。教育的未来终于到来了！

以上引言发表于 1885 年，当时的耶鲁大学古典学者（未来的芝加哥大学校长）威廉·莱内·哈珀（William

---

 * 这个词的发音与 Udacity 相近。

Rainey Harper）如是赞美通信课程*。⁴你没听错：有你的（龟速）来信。记者尼古拉斯·卡尔（Nicholas Carr）记录了没完没了的大众媒介教育宣传手段：留声机、教学广播、电视课程、填空作业纸。⁵这些在它们刚出现时都被预告将成为变革时代的媒介。因此，我们理应在最新的远程教育宣传出现时，停下来想一想。事先录好的演讲和线上讨论室能成为教育的全部吗？

我承认，观看一位出色演讲者的录像胜过平庸的讲者在大厅中催人入眠的讲座；第二排之后的听众都在接受"远程教育"。不过，我仍然怀疑学生在观看线上课程时能否满足它对注意力的要求。他们与老师不在同一个"地方"——无论是身体，是时间，还是认知层面。他们的注意力没有被抓住。而且，许多研究已证实且警示，远程学习对于那些本就处于劣势的学生是最没有帮助的，即家庭中的第一代大学生、语言学习者，还有因家庭贫困而无法使用科技产品的学生。⁶

最优秀的教育是一个被鼓励进行深入思考的学生与一个不易满足的教师进行的变化互动着的对话——他们在同一地点相互配合。这个方法已经被使用了三千余年，而且并不会在可见的未来发生改变。若你是为了受技能培训，也许用不着这样的教育。不过，你真的愿意在一个只上过

---

* 通信课程是通过邮递寄送学习资料的一种远程教学方式。

网络课程的人所设计的桥上走过吗？或者，你是否愿意让一个从未当着科室主任的面通过手术技能检验的外科医生切除你的阑尾呢？

哥伦比亚大学的一位神经科学家，斯图亚特·菲尔斯坦（Stuart Firestein）对那些只会死记硬背他上课的内容，却不能吸收复杂科学研究方法的学生感到失望。为了与这种趋势对抗，菲尔斯坦请他的同事们到他的讲座上讨论他们所不明白的事情。菲尔斯坦得出结论说，有见识的无知，而非信息本身，才能产生真正的知识。[7] 单纯的数据传输并不能引发深度学习。引发学习的是互动的能力，是在他人在场时思考艰难的问题。

连 Coursera 的创始人之一安德鲁·聂（Andrew Ng）也不得不承认教育的真正价值"并不在于内容，……真正的价值在于与教授以及其他优秀学生的互动"[8]。雅克·巴尔赞（Jacques Barzun）则更加直白："不幸的是，没有什么方法或是噱头能够替代教学。我们见证了一种又一种方法的失败……。教学是不会改变的，它是手把手、面对面的言传身教。"[9]

显而易见：教育有人性的一面，也就是约翰·亨利·纽曼（John Henry Newman）所说的"生动的嗓音，呼吸的躯干，情感丰富的面容"[10]。这不是在讲远距离学习，这是近距离学习：师生之间那耗时费力、不可取代的密切接触（proximity）。

（我刚刚搜索了一下"密切接触学习"［proximity learning］，却很失望地发现这竟然是一家"聘用在线教师的临时中介"的公司名称，这实在是挂羊头卖狗肉。别骗人了。）

英语中的"学校"这个词来自希腊语 *skhole*，原意为"闲暇"。而 *skhole* 这个词又是从印欧语系的词根"*segh*"而来，意为"抓住，暂停，停下"。无论是"停下"还是"闲暇"，它们的意思听起来都有些奇怪；我们总是把学校与"工作"联系在一起。不过"学校"是一种独特的活动，因为它要求人们从物质必然性中暂时脱身以寻求共同思想——一种与其他人一起思考和互动的自由。政治哲学家迈克尔·欧克肖特（Michael Oakeshott）说，我们若不把［学校］视作一处……学习的家，我们就错过了一些本质要理。[11]

诚然，莎士比亚总是拿孩子不情愿上学，且迫不及待要离开学校这件事开玩笑，比如罗密欧的感叹：

> 赴情人约会，像学童抛开书本一样；
> 和情人分别，像学童板着脸上学堂。[12]

虽然莎士比亚常常滑稽地描述教师，但是在我看来，他的戏谑中不无褒奖——正说明剧作家以及观众都对学习的价值毫无疑问，才能笑话那些无法在求知中取得平衡的推崇者的迂腐或者古板[13]。十七世纪曾经有趣闻称，莎士比亚在年轻的时候曾在乡村教书[14]，也许他只教过十几个学生。在伦敦出现戏剧职业化之前，很多剧目都是由教师编写的。

莎士比亚的斯特拉福德学校也没有多大，大概不过有四十个男学生。1573 年的教理问答册中有一幅插画，上面画的是传统教室里的一排排相对的长椅。人们很容易对这一类循规蹈矩的形式嗤之以鼻，无论是对教师那高高在上的宝座（备受嘲讽的"台上圣贤"），还是对他脚前那具有威慑力的惩戒枝条。然而今日图景中那一个个沐浴在屏幕荧光之下形单影只的学生难道有更好的条件吗？这些学生也许是在同一个教室中坐着，但他们心在何方？

一幅印于 1910 年法国明信片上的讽刺画所展现的可怕的未来教学幻景，正在这些学生身上成为现实。教师一边把书本倒进料斗，他的助手一边摇动手柄，把它们的智慧搅碎后倒进学生那一只只被动的耳朵里：内容传输！当我看到那张明信片时，格特鲁德·斯泰因（Gertrude Stein）那关于奥克兰的俏皮话就出现在我脑海中："在那处没有那处"[15]。在那个共享的空间里，人们对彼此而言并不在场。他们被缺席了。他们可能在任何地方。

我们都知道，只有教室的容量合乎情理，且近距离产生信任时，老师才能给予学生足够的密切关注。[16] 这种理念最清晰的确证是这样的事实：那些富有的教育改革者总会把他们自己的孩子送到有小班教学的学校中，以使其能够享受别人无法体验到的自由的思想交锋。

有较小物理空间的教室始于源远流长的文化遗产——让人们可以在时空中停驻的"思考空间"。雅典有佩里帕托斯古径（Peripatos）*；中世纪有同业公会会馆；早期现代欧洲有各类学园；启蒙时期有沙龙和咖啡馆；德国有研究讨论会；美国有吕克昂运动（Lyceum）；还有培育了居里夫人等学者的"飞行大学运动"（Flying University）†——这些都是得益于有亲密感的小规模多元群体聚集式教育。

"学院"（college）一词来自 collegium，在罗马法律中原指为同一目的而联合共事的合伙关系。文化机构——诸如学校、图书馆、博物馆、档案馆等——都是一些集合枢纽。在那里，人们不仅留存文化的根源，也各取所需，尝试对它们进行新的解读与整合：头脑、身体和环境相得益彰，让思维得到发展。

莎士比亚时代的记忆大师所掌握的知识如今已被认知科学所证实：物理空间的配置能强化回忆的效果，这对于书页上的知识或是戏剧舞台的剧本同样奏效。空间记忆法

---

* 佩里帕托斯古径是环绕雅典卫城，连接雅典众神坛的一条古老的小路。

† "飞行大学运动"是始于 1885 年的华沙，在 1977—1981 年被复兴的地下教育组织。这个运动旨在为波兰年轻人提供接受为当局意识形态所不容的传统波兰教育的机会。在十九世纪，这场运动的目的是抵制德国和俄罗斯的文化侵略。在二十世纪，这场运动则提供审核制度及政府操控以外的教育机会。

（mnemonic practice）起源于一个可怕的事件：希腊诗人赛门尼迪斯（Simonides）刚刚从一个宴会厅走出，大厅的天花板就坍塌了。客人们的尸体变得面目全非，只能通过赛门尼迪斯回忆他们在桌边就座的位置来辨认身份——从这一发现衍生出了一整套基于空间关系的记忆技巧。

人们甚至把这种记忆法称作"场所记忆"（loci）。当我们急于接受既无实体也无场所的教育模式时，我们已将先人的洞察付之一炬。不在同一时间内的班级也使得在时间中雕刻共同体场域的努力荡然无存。数字化论坛（digital fora）那无休止的临近感（immediacy）已经将"中场的恩赐"（the gift of the interval）[17] 排除在外：那是思考所需要的空间。

我教书的学校在 1925 年搬到了位于城市中的孟菲斯校园。那时，大讲堂里几乎坐得下全体学生。我的邻居约翰·加里（John Curry）从二十世纪四十年代开始在这里上学。当他多年后回到那个大讲堂参加活动时，过去七十年的回忆涌上他的心头。他就仿佛走进了赛门尼迪斯的经典记忆宫殿那样，发现这里承载着一层又一层过去的共同体（past communities），以鲜活的延续性在时间中与当下连结[18]。正如彼特拉克（Petrarch）在给朋友的书信中说到的，"在每一步中都存在着某种启发我们的声音和头脑之物"[19]。

那些在网络上获取奖章的学习者，七十年以后能说出同样的话吗？

汉娜·阿伦特（Hannah Arendt）用围桌而坐这个生动的比喻来说明场所在社会中的中心性：

> 在世界中共同生活，本质上意味着物质的世界在共同拥有它的人当中，就如桌子放在围着他们座席的人当中，而像所有中间体（in-between）一样，世界使他们关联的同时也使他们彼此分离。庞大的社会体令人难以承受就是因为……在人们当中的世界失去了让人们聚集在一处，产生关联且彼此分离的力量。这种诡异的情景好像一个亡灵显现的现场，一群原本围坐在桌子周围的人突然看到桌子被某种法术变没了，从他们中间消失，而面对面坐着的两个人不再被分离，也再没有哪种实体让他们中间产生任何关联。[20]

《暴风雨》中有这样的场景：艾莉儿让遇海难的船员眼前出现一场海市蜃楼般的筵席，又让这幻象消失在空气里。在对开本中是如此描述它的：一个稀奇的手法，一个小花招（第三幕第三场第 53 行）。不过这花招暴露出，若是我们当中没有了共有物，我们会感到多么脆弱：一本书，一个避难所，一个舞台，一张桌子，都是群聚宴会的工具。[21]它们为我们那受过训练的注意力提供了聚焦点，人类能创造的最精美之物就在这场所中发生。

不过，问题不再只是一张桌子——场所的概念本身正

被从我们当中抽离。"这不是好地方"（《皆大欢喜》第二
幕第二场第 27 行）。

～· 注释 ·～

1 《关于方法的论述》（*Discourse on Method*, 1637），引自伯纳
德·威廉姆斯（Bernard Williams），《笛卡尔》（*Descartes*），
企鹅出版社（Penguin），1978 年，第 109 页。

2 斯提芬·莱卡尔特（Steven Leckart），《能永远改变高等教育
的斯坦福教育实验》（The Stanford Education Experiment That
Could Change Higher Learning Forever），《联线》（*Wired*），
2012 年 3 月 20 日。

3 马克·查夫金（Mark Chafkin），《优达学城的塞巴斯蒂安·思
朗：免费在线教育教父，转行了》（Udacity's Sebastian Thrun,
Godfather of Free Online Education, Changes Course），《快速公
司》（*Fast Company*），2013 年 11 月 14 日。

4 麦克尔·西门森（Michael Simonson）与狄波拉·J. 西坡索
德（Deborah J. Seepersaud）在《远程教育：定义和专用词
条》（*Distance Education: Definition and Glossary of Terms*）中
赞同地引述了这段话，信息时代出版社（Information Age
Publishing），2018 年，第 8 页。

5 《慕课的早期历史》（The Prehistory of the MOOC）：http://
www.roughtype.com/?p=1892。

6 斯比罗斯·普罗托普萨尔提斯（Spiros Protopsaltis）与桑迪·鲍
姆（Sandy Baum）问道："网络教育是否兑现了它的承诺？"
（Does Online Education Live Up to Its Promise?, 2019）：http://

mason.gmu.edu/~sprotops/OnlineEd.pdf。

答案是：没有。

7　《无知：它如何推动科学》（*Ignorance: How It Drives Science*），牛津大学出版社（Oxford University Press），2012 年。

8　威尔·奥赖姆斯（Will Oremus），《新常青藤公校》（The New Public Ivies），《岩板》（*Slate*），2012 年 7 月 18 日。

9　《美国教师》（*Teacher in America*, 1945）的 1983 年版前言：http://www.the-rathouse.com/JacquesBarzunPreface.html。

10　《什么是大学？》（What Is a University?），《大学和本笃会论文的兴起与发展》（*Rise and Progress of Universities and Benedictine Essays*），巴希尔·蒙太古·皮克林出版社（Basil Montague Pickering），1873 年，第 14 页。

11　《人文学科学习的声音》（*The Voice of Liberal Learning*），耶鲁大学出版社（Yale University Press），1989 年，第 97 页。

12　《罗密欧与朱丽叶》（第二幕第二场第 198–199 行）。

13　M. H. 克缇斯（M. H. Curtis），《教育与学徒生涯》（Education and Apprenticeship），《莎士比亚调查》（*Shakespeare Survey*）第 17 期（1964 年），第 57 页。

14　约翰·奥贝利（John Aubrey）在 1681 年的《简短生平》（*Brief Lives*）中引用的这段话出自威廉·比斯顿（William Beeston），他的父亲是一位名叫克里斯托弗·比斯顿（Christopher Beeston）的话剧演员，曾与莎士比亚一同出演《人人都有自己的脾气》（*Every Man in His Humour*, 1598）【译注：本·琼生创作的喜剧】。

15　《每个人的自传》（*Everybody's Autobiography*），克诺夫出版社（Knopf），1937 年，第 298 页。

16　我的大学室友嘉莱特·德拉凡（Garrett Delavan）写过一篇论文，题为《为什么我们的孩子必须也可以上更小的学校和教学班》（Why Our Kids Must and Can Get Smaller Schools and Classes），《教师的注意力》（*The Teacher's Attention*），圣殿大学出版社（Temple University Press），2009 年。迪安·威特摩尔·尚岑巴赫（Diane Whitmore Schanzenbach）总结说，没错，无论技术官僚试图告诉你什么，班级规模的确事关紧要：http://nepc.colorado.edu/files/pb_-_class_size.pdf。

17 欧克肖特（Oakeshott），《人文学科学习的声音》（*The Voice of Liberal Learning*），第 127 页。

18 詹姆斯·霍华德·昆斯特勒（James Howard Kunstler），《无处而来》（*Home from Nowhere*），试金石出版社（Touchstone Press），1998 年，第 89 页。

19 《家庭》（Familiares）（6.2.5），蒂莫西·柯舍尔（Timothy Kircher）译，《诗人的智慧》（*The Poet's Wisdom*），博睿出版社（Brill），2005 年，第 38-39 页。

20 《人的境况》（*The Human Condition*，1958），芝加哥大学出版社（University of Chicago Press），1998 年，第 53 页。

21 参见伊凡·伊里奇（Ivan Illich），《宴庆的工具》（*Tools for Conviviality*），哈珀与罗伊出版社（Harper & Row），1973 年。

六、专注

分散注意力是一切教育的敌人。
——伊曼努尔·康德（Immanuel
Kant），《论教育》（*On Education*,
1803）

我正在办公楼的一层向我的孩子们指明墙上地图中的一些细节。下课铃响起，课堂解散了。我喃喃自语地做了这样的简单预言："看吧：所有人都会盯着他们的手机。"学生们慢慢走入厅廊内。其中一个朝我们蜿蜒而行，撞到我之后，头也不抬地调整她的路线，继续像个扫地机器人一样边走边读信息。我的孩子们咯咯笑了。

我也不比我的学生们强到哪里去。我也曾被所谓的智能手机钉在一处，像个僵尸那样浪费了比我所愿意承认的更多的时间。年轻人一日在媒体上消耗的时间为九个小时，这令人瞠目结舌——这超过他们花在睡觉上的时间，而他们与成年人交流的时间远远不及这个数量。

摄影师埃里克·比克斯吉尔（Eric Pickersgill）捕捉到了电子设备是如何让我们远离彼此的。他让拍摄对象摆出日常生活中的姿势；而后，他把他们手中的手机拿走了。他的系列摄影作品被恰当地命名为《挪去》，里面捕捉到人们面无表情地盯着他们手中的空白——他称之为某种"魂魄般的肢体"（phantom limb）：

> 这魂魄般的肢体被用于表示忙碌，陌生人不可接近，作为一种可以上瘾的力量，它推动了注意力的分裂：一部分给那些与你一同在场的人，一部分给了那些没有在场者。[1]

这些照片寒冷、空虚。一家人围着餐桌坐在一起，盯着他们的手掌。一张长椅上的两个朋友慵懒地沉浸在半握的手掌中。满满一个大讲堂的观众都被他们自己的指头吸引着。一张床上的夫妻背对着背。通过挪去电子设备，他向我们显示了我们无处不在的自我缺席（self-absenting）。凝视的对象若不是如此平庸，则几乎可以是超验性的。"告诉我你关注什么，我就能说出你是谁。"[2]

专注！我们有注意力，使用它，也花费它。如今，我们那专注性的意识被占用，因那些想要分散我们注意力的商人而分崩离析，他们知道大量信息反而使注意力变得贫瘁。我们把这最不可定价的一种资源献出来，即使"我们没有任何能比专注力更有益于人的智力发展的其他本领"[3]。

更糟的是，我们的电子设备向我们索取一种特殊的复杂性。对于它们所预设的什么是更值得注意的，我们渐渐开始赞同。

专注的根源在于向某件事物延伸。这种努力既是身体上的，也是心意中的——一个人渴望与对象成为一体，心里的思绪如藤蔓一般缠绕它。[4]我们注意它，正如一个仆人注意一位统治者那样——这可能意味着任何程度的温顺和扭曲。当莎士比亚讲论一个角色"在此恭候"时，这不仅意味着在场，而且有着某种准备服从命令的意愿，一种充满期待的等候，聚精会神的倾听。"不三心二意"。与此对立的则是"你的心在海上飘荡呢"[5]——你的意念在那里，不在这里。

我们的电子设备利用了深层的人类偏见：它关注新的、威胁性的、诱惑性的事物。当我发现学生们越来越容易分心，我确信当年我自己的老师们针对我们这一批学生说过同样的话，而他们的老师也是如此，正如1917年的这句评论所言："今日的年轻人使他们的注意力被分散，被种类繁多的兴趣牵扯。"[6]而更早一个世纪之前，威廉·库珀（William Cowper）叹息道：

全神贯注的习惯，擅思考的头脑，

全因消遣损耗殆尽，日益稀少。[7]

日益丰富的沟通真正能使我们获益吗？即使前人也曾经为此担忧，[8] 我却认为我们当下的困境依然不应被忽视。我与亨利·大卫·梭罗（Henry David Thoreau）具有相同的观点：

> 我们的发明常常不过是漂亮的玩具，要把我们的注意力从更重要的事情上引开。它们不过是达到未经改良的目的的改良手段罢了，而那目的本来就极容易达到。……我们总是急于在缅因州和得克萨斯州之间铺电报线缆，却忘了也许缅因州和得克萨斯州之间根本没有亟须沟通的要紧事。[9]

格奥尔格·齐美尔（Georg Simmel）赞同道：

> 的确，我们现在有了乙炔和电力的照明，不再使用油灯；但是对照明技术发展成就的激情让我们有时忘记了，重要的事不在于照明本身，而是那些被照亮而变得完全可见的物体。人们因电报和电话技术的成功而产生的狂喜使他们有时忘记了，重要的在于人所说内容的价值，而与之相比，沟通方式的快慢本不应受到如此的关注。[10]

宗教的、哲学的、教学法的传统为磨炼人的专注力，使人不被本性驱使而东张西望[11]，投入了可观的资源。承认我们的专注力常常出差错不等于主张它是无法改进的。正如爱彼克泰德（Epictetus）警示我们的："你专注于什么，就会成为什么。"[12]

四个世纪以前，约翰·多恩（John Donne）在布道中谈到我们分裂的自我时，从他本人在场时的心不在焉说起：

> 我并没有完全在这里，我现在在讲解这一篇经文时，也在我家里书房中思考，从前到底是圣格里高利还是圣杰罗姆曾对它做出过最精彩的阐释。我在这里对你们说话，但我同时顺便也琢磨着在我讲完后你们会对彼此说些什么。[13]

他已经在揣测听众会怎样评价他讲的话。任何人若是忍受过一场艰难的讲演，都熟悉这种意识分裂的状态。你在那里，你在说话，但你又不在那里……而是琢磨着你准备的时候有什么没做，同时担心着听众会作何感想。

多恩又转向他的听众，有些无奈地打趣说："你们也并不全在此处；你们现在正听我讲道，但你也正想着在别处听到过更好的布道，讲的也是这一段经文……"

没错，罪证确凿。（这可能是我唯一一次听到演讲者承认这一点。）在多恩接下来的讲述中，心思游荡到了更远的地方：

> 你们正坐在这儿，而这样的话题却令你们正巧记起一件事来：既然所有人都来教会了，那没有比当下更好的时间去私自拜访某地；正因为你希望自己在那儿，你的心已经在那儿了。

这就是我们的处境。

我的高中校图书馆员路易斯·詹金斯（Louis Jenkins），也创作过散文诗（其中的几首后来被编入话剧《好鱼》[*Nice Fish*] 中，由莎士比亚话剧演员马克·莱兰斯 [Mark Rylance] 表演）。他写的段落中常省略一些词，而且总围绕一些日常的陈腔滥调展开，但在灯光下反复端详时，它们却如棱镜般大放异彩。他的诗《这里与那里》读来仿佛是上述多恩的布道的翻版：

> 如他们所说，有些日子里我不知道自己是正在来还是正在去。不知道自己是在这里还是在那里。我在这里，而你在那里。当然，其他时候你在这里而我在那里。我更希望你在这里。那样就仿佛春天真的已经在路上，而太阳温暖地照耀，紫丁香花也将盛开。但有时我想你并没有真的在这里，你眼中有遥远的距离，

其实你也真的在远方。我不知道你在哪里，伦敦？纽约？也许你只是在门外面，但你在那里，而我仍然在这里。

多恩和詹金斯如此戏剧化地呈现人们四处游荡的神思，以抓住我们的注意力，演绎了"对混乱思绪的短暂抵御"[14]。

莎士比亚的时代对这种分心的散漫天性同样忧心忡忡。那时的人将这种现象描绘成一种对自我的遗忘，甚至是一种癫狂。还记得对开本中的舞台说明吧："奥菲莉娅入场，心神不宁"（第四幕第二场）。这句说明出现在其他五六个各不相同的"分心"表述之后，尤其是哈姆雷特所提及的"这昏乱的球体"之中的记忆（第一幕第五场第97行）。他表面上是指他自己脑袋中的混乱，但其实在影射环球剧院（the Globe Theatre）和其中的观众，而且也可能指向更广阔的、处处是混乱的整个世界。"这昏乱的球体"依然可以用作一个冷酷而精确的副标题，来描述我们现今这个时代！

注意力分散意味着脱离现实。相反，集中注意力使人回到现实中来，正如托马斯·莫尔（Thomas More）在1533年对一个曾经的癫狂者的描述："他收拾起自己的记忆，开始回归他自己。"[15] 在一起读着什么的时候，我们能一同停驻，正如多恩的一首诗中呼唤的那样：此时此刻，在这里，让你的注意力停留，即使它总是不停地溜走。[16] 想想李尔王对死去的考迪利亚的恳求："且等一等。"（第五幕第三场第 245 行）弗兰克·布鲁尼（Frank Bruni）如此回忆他的老师安·哈尔（Anne Hall）在背诵李尔王这段台词时晕眩和摇摆的姿态：

> 抖动的不仅仅是她的声音。她全身都在颤抖……"且等一等。"她表现出如此简单的请求中竟蕴含着极大的苦楚，刻画这个失位的君王对人际关系的渴求，以及正逐渐离他远去的清醒和满足。如此，她向我们展现了几个音节可以容纳多少情感的重量，以及语言的肌理可以多么丰厚。她展示了全神贯注的奖赏。她如此做的方式——充满热烈情感的眼睛，愉快地颤抖着的身体——不仅激励了真情的投入，也证实了人们能够从艺术中获得愉悦。……这难道是奢侈的吗？的确。但这也是通往一种更清醒、更深思熟虑的存在状态。大学就是我挖掘到它的地方。[17]

我们共享同一个专注的目标时，就对彼此而言有了更强的在场感。大家一同观照，"肩并着肩；眼睛向前看"[18]；他们

> 脸上挂着同样出神的表情，
> 在方程式中忘却了自我。

> 这是多么美啊，

那注目看着对象的神情。[19]

它不过是"接触事物……这正是知识的开端"。让"知识成为记号"吧。[20]

我担心，当儿童参与被数字化扭曲的"个性化学习"，盯着他们各不相同的电子设备时，教育就放弃了一切可能的共享对象，哪怕在同一节课上也是如此。戏剧表演经久不衰的魅力，证实共同分享一些事物的经验是极其独特的，就算在无穷无尽分散人们注意力的事物面前也是如此。我们应当把录音棚、教室、剧院当成成熟专注力的聚焦点——也许甚至当成演习民主的空间。[21]

爱丽丝·默多克（Iris Murdoch）发问道："在学校里应当教些什么呢？"她的回答简单却令人生畏："关注……学习对学习的渴望。"[22]默多克借用了西蒙娜·韦伊（Simone Weil）对专注的定义：她认为学校里的练习虽然只能用于发展一种低级的专注，但此类练习仍然为更高级的专注奠定了基础。因此，"专注能力的发展成了学习的真正目标，也是学习唯一的益处"[23]。韦伊甚至主张："专注力，当发展到最高程度时，就是一种祈祷，……完全纯净的专注就是祈祷。"[24]她的这种看法中回响着十七世纪思想家尼古拉斯·马勒布兰奇（Nicolas Malebranche）的观点："专注是我们向内在真理呈献的祈祷。"[25]

我们不需要诉诸宗教就可以赞同这种观点，即把最好的专注放在某些事情上不仅罕见，且弥足珍贵。[26]

注释

1　《挪去：项目声明》（Removed: Project Statement）：http://www.ericpickersgill.com/removed/。

2　何塞·奥尔特加·伊·加塞特（José Ortega y Gasset），《人与危机》（*Man and Crisis*），诺顿出版社（Norton），1962年，第94页。

3　查尔斯·达尔文（Charles Darwin），《人的由来及与性相关的选择》（*The Descent of Man, and Selection in Relation to Sex*，1971），普林斯顿大学出版社（Princeton University Press），1981年，第44页。

4　弗朗西斯·培根（Francis Bacon），《新工具论》（*New Organon*），《弗朗西斯·培根作品集》（*The Works of Francis Bacon*），第四卷，詹姆斯·斯柏丁（James Spedding），罗伯特·莱斯利·艾利斯（Robert Leslie Ellis），与道格拉斯·德农·哈尔斯（Douglas Denon Hearth）编，剑桥大学出版社（Cambridge University Press），2011年，第246页。

5　《无事生非》（第五幕第四场第36行）。《威尼斯商人》（第一幕第一场第8行）。

6　《法戈（北达科他州）信使新闻报》（*Fargo[ND] Courier-News*），1917年10月5日。感谢马修·哈里森（Matthew Harrison）给我提供文献信息。

7　《退休》（Retirement），《伦敦内殿公社的威廉·库珀侍卫诗集》（*Poems by William Cowper, of the Inner Temple, Esq.*），伦敦，1782年。

8 弗吉尼亚·伍尔夫（Virginia Woolf），《雅各的房间》（*Jacob's Room*, 1922），凯特·弗林特（Kate Flint）编，牛津大学出版社（Oxford University Press），2005 年，第 171 页。

9 《亨利·大卫·梭罗作品集：瓦尔登湖》（*The Writings of Henry David Thoreau: Walden*, 1854），J. 林顿·杉利（J. Lyndon Shanley）编，普林斯顿大学出版社（Princeton University Press），1971 年，第 52 页。

10 《生活的风格》（The Style of Life），《金钱的哲学》（*The Philosophy of Money*, 1900），汤姆·巴托摩尔（Tom Battomore）与大卫·弗里斯比（David Frisby）译，劳特利奇出版社（Routledge），1978 年，第 523 页。

11 第 7 首十四行诗，第 12 行。

12 《生活的艺术》（*Art of Living*），沙龙·罗贝尔（Sharon Lobell）译，哈珀万出版社（HarperOne），2007 年，第 52 页。

13 威廉·克凯恩爵士（Sir William Cokayne）的葬礼讲道，1626 年 12 月 12 日，《多恩布道集》（*Donne's Sermons*），罗根·皮尔萨勒·史密斯（Logan Pearsall Smith）编，牛津大学出版社（Oxford University Press），1920 年，第 3–4 页。

14 路易斯·詹金斯（Louis Jenkins），《这里与那里》（Here and There），《从风中来的太阳里》（*In the Sun Out of the Wind*），一缕意愿出版社（Will o'the Wisp Books），2017 年。经作者授权引用。罗伯特·弗罗斯特（Robert Frost），《一首诗制造的人像》（The Figure a Poem Makes, 1939），《罗伯特·弗罗斯特散文选集》（*The Collected Prose of Robert Frost*），马克·理查德森（Mark Richardson）编，哈佛大学出版社（Harvard University Press），2010 年，第 132 页。

15 《致歉》（Apology, 1533），《托马斯·莫尔爵士作品全集》（*The Complete Works of Sir Thomas More*），第九卷，J. B. 特拉普（J.

B. Trapp）编，耶鲁大学出版社（Yale University Press），1979 年，第 118 页。

16 《一节关于阴影的课》（A Lecture upon the Shadow），《约翰·多恩的歌与十四行诗》（*The Songs and Sonets of John Donne*），西奥多·莱德帕斯（Theodore Redpath）编，哈佛大学出版社（Harvard University Press），2009 年。

17 《大学不可估量的价值》（College's Priceless Value），《纽约时报》（*New York Times*），2015 年 2 月 11 日。

18 C. S. 路易斯（C. S. Lewis），《四种爱》（*The Four Loves*），哈克特·布雷斯·约瓦诺维奇出版社（Harcourt Brace Jovanovich），1960 年，第 98 页。

19 W. H. 奥登（W. H. Auden），《正午祈祷时》（Sext），《正统时序》（Horae Canonicae, 1954），《短诗集 1927—1957》（*Collected Shorter Poems 1927–1957*），费伯与费伯出版社（Faber and Faber），1966 年，第 325 页。

20 科奈利斯·弗赫文（Cornelis Verhoeven），《惊奇的哲学》（*The Philosophy of Wonder*），玛利·佛兰（Mary Foran）译，麦克米伦出版社（Macmillan），1972 年，第 17 页。第 5 首十四行诗，第 7 行，《热情的朝圣者》（*The Passionate Pilgrim*）。

21 理查德·森奈特（Richard Sennett）在《普尼克斯山与阿果拉广场》（The Pnyx and the Agora）中如此说，《设计政治学：设计的局限》（*Designing Politics: The Limits of Design*），亚当·卡萨（Adam Kaasa），约翰·宾厄姆－哈尔（John Bingham-Hall），与伊莉莎伯塔·皮埃特罗斯提芬尼（Elisabetta Pietrostefani）编，世界剧场出版社（Theatrum Mundi），2016 年：http://eprints.lse.ac.uk/68075/1/Designing-Politics-The-limits-of-design.pdf。

22 《作为道德指南的形而上学》（*Metaphysics As a Guide to*

Morals），企鹅出版社（Penguin），1992 年，第 179 页。

23 《关于学校的正确功用的反思》（Reflection on the Right Use of School, 1942），《等待上帝》（*Waiting on God*），劳特利奇出版社（Routledge），2009 年，第 32 页。

24 《西蒙娜·韦伊：作品选集》（*Simone Weil: An Anthology*），西昂·米利斯（Siân Miles）编，树丛出版社（Grove Press），2000 年，第 212 页。

25 大卫·马尔诺（David Marno），《死亡，你不要得意》（*Death Be Not Proud*），芝加哥大学出版社（University of Chicago Press），2016 年，第 1 页。

26 《辛白林》（第五幕第五场第 117 行）。

七、技术

> "思想者"
> 托着他的下巴
> 想着
> 如何能
> 托着下巴
> 而且看着电脑
> 做
> 思考的事。
> ——威廉·马尔（William Marr），
> 《秋天的窗》（*Autumn Window*, 1996）[1]

豪尔赫·路易斯·博尔赫斯（Jorge Luis Borges）编写了一些故事来展现我们自己的技术困境。其中的一个故事讲到，一个推销圣经的人来到讲述者的门前，要卖给他一本奇幻的书：

名为《沙之书》，因为无论是书还是沙都没有开头也没有结尾……。书的页码无穷无尽。没有第一页，也没有最后一页。

讲述者上了当，把这本"不可能的书"买了下来。但他发现这书的无穷如同"怪物"让他不知所措，"我觉得它是个噩梦般的东西，一个下流的东西，而且它玷污且腐化了现实"。

他绝望地想要摆脱这本魔鬼般的书，于是把它藏在了国家图书馆中。博尔赫斯的《沙之书》[2]，与位于技术核心的更大问题产生共鸣：正是"无穷"的问题。"感到手足无措、迷失方向"的问题。"毫无方向地浪费时间"的问题。沙与无穷产生联系，电脑也有一模一样的特点。

这是不是我们这时代重复出现的故事？假定数字技术是唯一的技术——而且数字技术总能优化出现在它之前的东西。这故事成了一个不可撼动的信条，哪怕越来越多的证据显示电脑不能改善学习。[3]正相反，它们加剧了（而不是缩小了）不平等，甚至还会让教育本应培养的那些习惯变得不再重要。当面对惨淡结果时，技术总会虚张声势[4]地称"下一个版本会更好！"。

对这些宣扬技术乌托邦主义的势力保持怀疑态度，并不意味着抗拒科技。（历史上的勒德分子原本的诉求是让受过训练的工人操作机器生产高品质商品，并且获得公平的报酬。[5]）不过对于数字科技的幼稚热情常常产生于针对教师的无声敌意——这敌意试图通过教育自动化来减少其中的人性因素。有时，这种敌意被公开地表达出来：

> 我们有网络——如此多可用的信息。你为什么还要花钱让教师教授同一门课程？你找一个好教师，把（教学录像）放到网上，让所有人都能以更低的价格买到这些知识不更好吗？[6]

"我们的时代以机器能思考为自己的骄傲，并且怀疑所有能思考的人。"[7]

卡特·G. 伍德森（Carter G. Woodson）说的没错："单纯信息的传输并非教育。"[8]如果人们都满足于"内容传递"，图书馆和教材早就已经让学校失去其功能性了。是人（还有教育机构）帮助我们（并勉励我们）直面苛刻的材料。

教师一直都借助"技术"——这包括书籍，它是人们发明出的最灵活也是最多变的学习技术之一。不过，它在有学问的教师指引的手中才成为技术，可以帮助我们为了某个目的前行，而不是如同噩梦一般无始无终的"沙之书"。我们常常犯的错误就是把工具当成了方法。

当我们使用电脑时，我们已经随着沙思考了：电脑屏幕上的玻璃是沙做的，同样，"一张芯片上成千上万的晶体管正是微缩版的在沙中书写"[9]。的确，几千年来，沙都作为承载思想的基底物质而存在。有人推测，印度－阿拉伯数字系统从沙上书写衍生而来。沙桌长久以来都是教学法中的重要组成部分，从古希腊数学到十八世纪印度读写教学中都曾使用它。[10] 早在十四世纪，用沙制成的字模就已经在中国和韩国出现了。

在莎士比亚的《泰脱斯·安特洛尼格斯》中，沙占据了重要位置：被侵犯的拉维尼亚将强奸者的名字写在"一块沙地上"（第四幕第一场第 69 行）。在他的时代，沙被撒在手稿上以使墨水快速干燥。一位启蒙时代的作家甚至把思想本身比喻成一个沙印：

> 人的大脑是有实体的物质；而在其上留下的那些有意义的永久性印记在某种程度上就像是沙滩上的脚印，……所以它们有形状、长度、宽度和深度。[11]

当然，我不是说每个教室里都要摆放沙箱。我也不认为带学生去沙滩上课能够解决所有的数学问题！但是，用沙思考能够帮助我们想到思考本身就是一种技能（techne）——一种组合事物的技艺，如同木匠，或是组装师。[12]

欧布莱迪斯（Eubulides），苏格拉底的学生的学生，在考虑人们如何对事物进行分类时借用了沙。他的连锁悖论（sorites paradox 这个词在希腊语中的意思是堆砌）让人想象一堆沙子。从这堆沙子里取走一粒。然后，再取走一粒，然后，再一粒。再一粒……再一粒……。到什么时候这堆沙子不再是一堆呢？三粒沙子能算一堆吗？一粒算吗？

连锁悖论在莎士比亚的《李尔王》中表现为李尔王随从数目的减少，被他的女儿们从一百人削减到了五十人，而后（迅速地）："你为什么需要二十五名，十名，或是五名，……何必需要一名呢？"[13] 想象中的沙子堆是一种教学技术，却是一种没有物质实体的技术：一种概念上的工具，或是过程，它设计的意义是帮助我们集中精力思考，来提炼我们的思想。

当希腊科学家阿基米德（Archimedes）全神贯注地思考用多少粒沙子能装满整个宇宙这个问题时，他发明了人们现在使用的指数概念。对我们而言，阿基米德也是一个警示，因为他正是由于出神地在沙地里写写画画，才没注意到一个入侵的罗马士兵。阿基米德大喊："别踩那片沙子！"可话音未落，士兵就把他杀死了。（这一则关于学术热忱的故事后来启发了法国女数学家索菲·热尔曼［Sophie Germain］，她以深入钻研费马大定理而著称。）

在阿基米德之后，克里斯托弗·克拉维斯（Christopher Clavius）于 1607 年甚至更加精确地计算了"需要多少粒沙子才能把地球与众星之间的宇宙空间全部填满"这个问题。[14] 约翰·多恩被克拉维斯得出的那不可思议的庞大数字震惊了，在他的布道中引用它，说明圣者那超乎想象的宽广：

若是宇宙到地面全部充满了沙，正如克拉维斯摆在我们眼前的数字，要多少粒才够；若是把这空间都装满了水，将天上和地上的水，地上和地下的水都算在内，要多少滴水才够；让每一粒沙、每一滴水乘以刚刚算出的这两个数字之和，（其总数）比起神之为神的恩惠仍然缺乏了许多；而若是比起在基督里的神恩，则更是无穷、无尽地不足了。[15]

莎士比亚如此援引所谓数算沙子的徒劳："他所担任的工作 / 有如清数沙粒，喝干海洋。"[16] 现在的一些学者认为，《爱德华三世》这部戏剧至少部分是莎士比亚所作，其中有一段类似的文字：

我的双手能捧起多少粒沙
也不过是手能容下的数量
而后，就像把世界轻轻拿起，
一撒而尽——且称这是一种能力；
但我若停下来数算沙粒，
其数量却令我头昏脑涨
将一个简简单单的任务
变成了亿亿万万的活计。[17]

多恩用更平凡的方法借助沙子思考，但这方法是久经

教学班考验的基本技术："计时"的方法。在另一篇反思自身的布道中，

> ［多恩］停下论证，把听众的注意力引向了［布道台前常见的］沙漏上。这沙漏一直在记录他讲道所用的时间，并且让会众知道他应该结束了："但是现在我们已经花了整整一个小时，不能再讲了。要是沙漏里还有一分钟的沙子就好了（但它已经空了）。" [18]

一节课的时长（或五十分钟，或七十五分钟，或三十分钟等）是人为定好的，毋庸置疑。所以课时长度很容易成为诟病的目标，被那些人当作古老的，甚至是压制人的专制管理主义（autocratic managerialism）的残余物，需要被在线平台的异时空间取代。不过，时间共享的技术却经得起有产出的同时停顿（a productive mutual pause）——坐下来，想一想 [19]。

此处，我又想到了沙，它出现在谢默斯·希尼（Seamus Heaney）对诗歌局限性的默想中。希尼承认，在"历史性屠杀的残酷现实面前"，诗歌"毫无用处"。但他马上改口，肯定道，虽然

> 在一种意义上说诗歌的效力是不存在的——从没有哪首诗能让坦克停下来，……［不过，在］另一种

意义上讲，它是无限的。它就好像在控告者和被告人面前的沙地上书写，使人沉默并经历内在的幡悟。[20]

希尼暗指在《约翰福音》中，人们期待耶稣审判一个犯了奸淫罪的妇人，问他是否应当将她用石头打死的情节。但耶稣并没有回答，而是：

> 耶稣却弯着腰用指头在地上画字。他们还是不住地问他，耶稣就直起腰来，对他们说："你们中间谁是没有罪的，谁就可以先拿石头打她。"于是又弯着腰用指头在地上画字。他们听见这话，就从老到少一个一个地都出去了，只剩下耶稣一人，还有那妇人仍然站在当中。

希尼总结说：

> ［在沙地上］画出那些［未知］的字符就好像诗歌，打断日常生活却并未逃离它。诗歌，就像［在沙上］写字一样，不由分说，在那个短语［"记录时间"］的所有意义上记录着时光的流逝。它并不谈论那控告的群体或者无助的被告人，"现在一个解决方法出现了"，它也并不试图成为途径或是取得效果。相反，在即将发生的结果和我们所希望的结果的间隙中，

> 诗歌让人们关注一个空间，不是为娱乐，而是为纯粹
> 的专注，使我们关注某事的能力重新聚焦到我们自己
> 身上。

教室也有记录集体时间的特质，它本身就是一种时间
和空间的技术。

最后一个用沙思考的实例来自苏格拉底式对话的《美
诺篇》。苏格拉底一如既往地与对话者们达到了僵持状态，
于是转向美诺的奴隶，开始考虑将长方形面积翻倍的几何
问题。这个场景戏剧性地表现了教学与技术的最初碰撞，
之所以令人印象深刻，不仅因为它的成功之处，也因为它
的局限性。

在沙上书写只是一种工具，是达到目的的方法。若是
把技术本身当成了目的，那就大错特错了。

在沙上书写是应求之计，为此人此时而作；技术策略
是针对一种情况自然形成的，并非从外部强硬施加于某个
场景之上。

在沙上书写提供了一个聚焦点，好使众人有共同的思
考对象。但我们必须，必须谨记，技术不是思考本身。

而且，在沙上书写是暂时性的，当它不再被目的需要
时就可弃置不用。

不久前我被邀请在学院会议上发言——作为非科学家
的代表——谈谈我对教学和技术的看法。我担心自己之所

以被邀请，是为了让他们当作稻草人（也许是沙子人！）一般抨击，以彰显科技知识的胜利。于是，我准备了一组幻灯片作为救生索，里面的信息都是关于博尔赫斯、芯片、印度－阿拉伯数字体系、印度沙桌、韩国字模、连锁悖论、阿基米德计算表、热尔曼和克拉维斯、多恩的沙漏、伦勃朗的画，以及柏拉图几何学的。所有这些，和别的东西，就为了我那五分钟的发言。

然而，啪！"恰似旧式喜剧中的煞尾处一般。"[21] 投影仪不工作了，无论我们如何摆弄它都没用。我的救生索成了一条"沙子做的绳索"[22]。幸好，我的讲义并不需要一个新的灯泡或程序升级，照样可用。

当我好不容易陈述了我那无力的观点后*，我很欣慰地发现，物理系和计算机科学系的同事也与我有同样的顾虑。他们和我一样担心专注程度的减弱以及由于电子设备导致的"僵尸态"。

人性倾向于规避思考、阅读以及写作的苦工。但是，当技术分散了人的注意力，甚至取代了那种难以穷尽却难能可贵的、直面对象的研究时，没有人是赢家。只有在那样的研究中，我们才能"从一粒沙子中看见世界"[23]。

_____

　　*　此处"无力的观点"（power-less point）是双关语，暗讽幻灯片软件"Powerpoint"所代表的科技。

∽ 注释 ∽

1 威廉·马尔（William Marr），《思想者》（The Thinker, 1996）。诗歌选自《秋天的窗》（*Autumn Window*），阿伯山出版社（Arbor Hill Press）。

2 安德鲁·赫雷（Andrew Hurley）译，《沙之书与莎士比亚的记忆》（*The Book of Sand and Shakespeare's Memory*），企鹅出版社（Penguin），1998 年。

3 肖恩·考夫兰（Sean Coughlan），《电脑"不能改进"小学生的结果，经合组织说》（Computers 'Do Not Improve' Pupil Results, Says OECD），英国广播公司（BBC），2015 年 9 月 15 日：http://www.bbc.com/news/business-34174796。

4 雅克·伊拉尔（Jacques Ellul），《技术的虚张声势》（*The Technological Bluff*）（W.B. 伊尔德曼斯出版社 [W. B. Eerdmans]，1990 年）。在 1992 年的纪录片《技术的叛变》（The Betrayal by Technology）中，伊拉尔如此斥责人们的幻象："你要是能用足够的技术协助你，就能更自由……'你要用这自由去做什么？'"

5 克里夫·汤普森（Clive Thompson），《当机器人把我们的工作都夺走，要记得勒德分子》（When Robots Take All of Our Jobs, Remember the Luddites），《史密斯学会杂志》（*Smithsonian Magazine*），2017 年 1 月。

6 威斯康星州议员罗恩·约翰孙（Ron Johnson），引自斯科特·雅斯齐克（Scott Jaschik），《凯恩·彭斯还是教师？》（Ken Burns or Instructors?），《高等教育观察》（*Inside Higher Ed.*），2016 年 8 月 22 日。

7 霍华德·孟富德·琼斯（Howard Mumford Jones），引自《技术政权文摘》（*Technocracy Digest*），1951 年 8 月，第 5 页。

尼古拉斯·尼戈鲁彭特（Nicholas Negroponte）表示他期待有朝一日你能"吞一片药就可以了解莎士比亚"。"我无话可说。"（《麦克白》第五幕第七场第 37 行）。https://blog.ted.com/back-to-techs-future-nicholas-negroponte-at-ted2014/。

8 《黑人的错误教育》（*The Mis-Education of the Negro*），联合出版社（Associated Publishers），1933 年，第 ix 页。

9 约瑟夫·塔比（Joseph Tabbi），《虚拟教室里的民主政治》（Democratic Politics in the Virtual Classroom），《网络文化》（*Internet Culture*），大卫·波特（David Porter）编，劳特利奇出版社（Routledge），1997 年，第 243 页。

10 帕特丽莎·克莱恩（Patricia Crain），《传媒的孩子，作为传媒的孩子：视觉电报，印度小学生，以及约瑟夫·兰开斯特的文化再生产体系》（Children of Media, Children as Media: Optical Telegraphs, Indian Pupils, and Joseph Lancaster's System for Cultural Reproduction），《新媒体 1740—1915》（*New Media 1740–1915*），利沙·吉特尔曼（Lisa Gitelman）与杰弗里·B. 平格里（Geoffrey B. Pingree），麻省理工学院出版社（MIT Press），2004 年，第 72 页。

11 詹姆斯·比蒂（James Beattie），《道德和批判论文：论记忆与想象》（*Dissertations Moral and Critical: On Memory and Imagination*），伦敦，1783 年，第 11–12 页。

12 "'技能'来自印欧语系中的词根'tek'，意思是'把房子……各部分的木结构拼在一起'。"大卫·路希尼克（David Roochnik），《论艺术和智慧：柏拉图对 Techne 的理解》（*Of Art and Wisdom: Plato's Understanding of Techne*），宾夕法尼亚州大学出版社（Pennsylvania State University Press），1996 年，第 19 页。

13 《李尔王》（第二幕第三场第 256、258 行）。

14 约翰·凯利（John Carey），《约翰·多恩：生平、思想和艺术》（*John Donne: Life, Mind, and Art*），牛津大学出版社（Oxford University Press），1981年，第134页。

15 第75篇布道，1628年4月15日在白厅向国王的讲道。

16 《理查二世》（第二幕第二场第145-146行）。

17 《爱德华三世》（第四幕第四场第42-49行）。

18 1627年2月11日在皇家小教堂的布道；引用自约翰·N.沃尔（John N. Wall），《改变我们的研究对象：早期现代布道和保罗十字架虚拟工程》（Transforming the Object of Our Study: The Early Modern Sermon and the Virtual Paul's Cross Project），《数字人文期刊》（*Journal of Digital Humanities*）第3卷，第1期（2014年春）。

19 罗莱恩·汉斯波利（Lorraine Hansberry），《太阳下的一颗葡萄干》（*A Raisin in the Sun,* 1959），古典出版社（Vintage），2011年，第119页。

20 《管制舌头》（*The Government of the Tongue*），法拉尔、施特劳斯与吉鲁出版社（Farrar, Straus and Giroux），1990年，第107-108页。

21 《李尔王》（第一幕第二场第123行）。

22 《领子》（The Collar），《乔治·赫伯特：100首诗》（*George Herbert: 100 Poems*），海伦·威尔考克斯（Helen Wilcox）编，剑桥大学出版社（Cambridge University Press），2016年，第123页。

23 威廉·布莱克（William Blake），《天真的预言》（*Auguries of Innocence*, 约1803），《威廉·布莱克：诗选》（*William Blake: Selected Poems*），尼古拉斯·史林普顿（Nicholas Shrimpton）编，牛津大学出版社（Oxford University Press），2019年，第77页。

八、模仿

你要是不能模仿他，就别抄他的。
——尤吉·贝拉（Yogi Berra），《棒球文摘》(*Baseball Digest*, 1969)

快速小测验：这些魔法师的演说中，哪一句是莎士比亚写的？

　　1a：你们这些山中的、溪涧的、森林和湖泊的精灵们，

　　1b：你们这些山川湖林的众精灵们，

什么鬼精灵！？
好吧，那这些对克里奥佩特拉的游船的奢华描绘呢？

2a：船尾是金子做的，紫色的帆，银色的桨……她躺卧在金线交织的幔帐底下

2b：船尾是金叶做的，帆是紫色的……桨是银色的……她卧在她的幔帐里——透明的金线织成的

喂，这也太难了。

那这些对理想社会特点的描述总更容易分辨吧？

3a：没有任何商业，没有学问……没有官吏的名义……没有任何仆役……没有契约，没有继承……没有职业，人人闲着……不用酒、谷类和金属

3b：不准有任何商业；没有官吏的名义；不懂得什么学问；……没有任何仆役；契约、继承……全没有；不用金属、谷类、酒……；不要职业；人人都闲着

（所有的答案都是 b 选项。若你的答案是"非 2b"*，那你是个机智的愚人，可得一分。）

莎士比亚的版本与他的素材中的描述几乎难分彼此。[1] 我承认我在引用时揉捏了原文中的字句，使它们读起来更

---

* "not 2b" 的英文发音与哈姆雷特的著名台词 "not to be" 相似。因此若答案是"非 2b"，就是在引用莎士比亚的名言，是脑筋急转弯的解法。

像 2a 和 3a 中的韵文，而且我将拼写和大写首字母规范化了，因为在莎士比亚的时代它们还是不规则的："在莎士比亚的时代学习英文拼写并非难事。"（To learne to wrytte doune Ingglisshe wourdes in Chaxper's daie was notte dificulte.）[2]

我的学生们总是对自己写作中的剽窃指控感到焦虑。每当我将这些成对的段落展示给他们看的时候，他们就会如此嘲笑："真是原封未动的抄袭！"（或者，他们也会引用 T. S. 艾略特［T. S. Eliot］的名言："不成熟的诗人模仿，成熟的诗人偷窃。"[3]）若是今日有人如此不加注解地借用别人的话而被抓住，就会通不过考试或被开除。

所以，公平地说，莎士比亚的借用——诗句、谚语、传奇故事、法律案例、圣经段落、民俗歌谣、短篇故事、编年史、当代事件、古典传说，以及许许多多的戏剧作品（无论是悲剧、喜剧、历史剧、田园剧、田园喜剧、历史田园剧、历史悲剧，还是悲喜交加的历史田园剧）[4]——都散布各处，且比上文挑拣出的这些例子更加隐晦。

不过总体而言如此：在十九世纪之前的所有时代，人们对什么算是"原创性"、什么算是"抄袭"有不同的见解。正如有人曾说的，写书是做不完的活计。

劳伦斯·斯特恩（Laurence Sterne），《项荻传》（*Tristram Shandy*，1761）：我们是否要永远写新书，如同药房永远在混合新的药剂，从一个瓶子倒入另一个瓶子里？我们难道永远要扭扯着同一根绳子？

罗伯特·伯顿，《忧郁的解剖》（*The Anatomy of Melancholy*，1621）前言：像在药房里一样，我们每天都在混合新的药剂，从一个瓶子倒入另一个瓶子……。我们仍编织着同样的网，一次又一次地扭扯着同一根绳子。

托马斯·库珀（Thomas Cooper）的都铎词典不加标引地抄袭了"抄袭"一词的定义——正如他的定义也会被同时代的人抄袭一样！

甚至连抄袭这个词都不太准确，因为在1710年以前，版权法还不存在。在此之前，具有"原创性"意味着与前辈较劲儿，前辈也就是指你读过的"作者"，你那"权威"的源头。你甚至在进行"创造性模仿"时把他们称作你的"原作"（弥尔顿就是如此称呼斯宾塞的）。"创造性模仿"这短语既动摇又调和了它（唯一可见的）自身表达上的矛盾性。

这与我们今日在学校教育中对"创造性"的理解正相反。"模仿"在我们听来简直一无是处：赝品，山寨，简单的复制；顶多也只能是个拾人牙慧、费时劳力的作品。结果，人们对依然合理的效仿（emulation）（还有重复和记忆）漠然视之，觉得它阻碍了独立思考。

这实在是得不偿失。"创造性模仿"（creative imitation）

是反思与实践、思考与做事的互动融合——从一个人类工匠（homo faber）复制了别人木头上砍下的一块料伊始*，这种方法就成了工艺（art and industry）的标志。我们通过从别人那里继承的形式去思考，因为"我们是个模仿的世界"，弗吉尼亚·伍尔夫如此惊叹道。[5] 若是人们觉得他们不需要关注其他作者就能写作，那才是奇怪事。盖里·施耐德（Gary Snyder）无法忍受那样的诗人：

> 不愿意读书，看在老天的份儿上。你能碰到一些人，他们想要写诗，却不愿读这个传统中的任何作品。这就好像一个想做建筑工的人不愿意了解他要用什么木材一样。[6]

施耐德的木工奇喻被布克奖最年轻的得主艾伦诺·嘉顿（Eleanor Catton）如此展开：

> 说实话，我笃信模仿：我认为如果你想明白事物是如何产生效用的，模仿就是你首先应去的地方。真正的伪装（mimicry）事实上非常困难……。你希望扩大你的工具箱，也扩大你写作可用的资源。[7]

---

* 原文中的表达，"the chip off another's block"是一句俗语，意思是儿子与父亲如出一辙。

德里克·瓦尔科特（Derek Walcott）也认同这样的观点：

> 一个诗人如何能教导自己写诗呢？我认为主要是通过模仿，主要是常常把它当作一种刻意为之的技巧训练来使用。翻译，模仿，反正那些都是我的方法。[8]

比如伊丽莎白·毕肖普（Elizabeth Bishop）就吸收了罗伯特·洛威尔（Robert Lowell）、玛丽安娜·摩尔（Marianne Moore）、杰拉德·曼利·霍普金斯（Gerard Manley Hopkins）、菲利西亚·赫曼斯（Felicia Hemans）、阿尔弗雷德·丁尼生（Alfred Tennyson）、夏尔·波德莱尔（Charles Baudelaire）、威廉·华兹华斯（William Wordsworth）、威廉·布莱克（William Blake）、丹尼尔·笛福（Daniel Defoe）、乔治·赫伯特、菲利普·西德尼，以及《圣经》。若是按照伏尔泰（Voltaire）所说，"原创性不过是明智的模仿"，那么波托尔特·布莱希特（Bertolt Brecht）所言不虚（他本人就是一位精明地效法莎士比亚的剧作家）："任何人都能富于创造力，但重写他人之作却充满挑战性。"[9]

虽然拉尔夫·华尔多·爱默生在 1841 年的傲慢宣言迷惑了我们（"永远不要模仿，模仿如同自杀"），1876 年时更成熟的爱默生却承认：

巨大的债很难置于脑后。没有人能逃避它。原创者并无原创性可言。若我们知晓那些大天使的历史，就明白连他们也会模仿、临摹和暗示。[10]

若是我们知晓它们的历史——我们总是忘记历史，因为历史在不断溜走、远去。如德莱顿（Dryden）所言："从来不从别人那儿借字句的诗人还没出生。凡尔赛宫难道会因为其建筑师模仿了前人建造的宫殿就不是一座新的建筑了吗？"[11]

就算是最极端的模仿——毫无加工的复制——也能产生深刻见解。一位年轻人嘉德·阿帕托（Judd Apatow）一字不差地记录了《周六晚直播》一集录像中的对话，发现了戏剧中最重要的元素（时间！）。詹姆士·莱特（James Wright）在打字机上写出里尔克（Rilke）的德语十四行诗，只是为了更好地听到诗中的音韵[12]；亨特·S.汤普森（Hunter S. Thompson）也这样打印出了菲茨杰拉德（Francis Scott Fitzgerald）、海明威（Ernest Hemingway）和福克纳（William Faulkner）的句子，只为"知道能写这么好的句子是什么感觉"[13]。亚伯拉罕·林肯（Abraham Lincoln）对《伊索寓言》如此熟悉，以至于他能"凭着记忆一字不差地把故事复述出来；［他也会］用同样的方式从优秀作家的作品中抄录段落"[14]。葛温德林·布鲁克斯（Gwendolyn Brooks）模仿了艾略特，后者模仿了蒲柏，蒲柏模仿了弥尔顿，弥尔顿模仿了斯宾塞，斯宾塞模仿了乔叟，乔叟模仿了但丁，但丁模仿了维吉尔，而维吉尔又模仿了荷马，荷马的作品则是几百年口述传统的沉淀。你全部的事业应当超越"无穷的模仿"[15]——不过你还是得从模仿起步。

无论罗伯特·路易斯·史蒂文森（Robert Louis Stevenson）何时读到他喜爱的，他都会坐下来：

> 让自己笨拙地模仿那品质……。无论你喜欢与否，这都是学习写作的方法，……若是我们能追溯过去，它也是所有人学习的方法。……莎士比亚本人，那高不可攀的作家，就是从学校中走出来的。我们只能期待好作家出现在学校中，……在一个学生能辨别自己喜欢的韵律之前，他应当尝试一切的可能性；在他选择保留某个音调的文字之前，他应当早就练习了文学的所有音阶；只有如此年复一年的体操才能使他最终坐下来，用千军万马般的文字挥斥方遒，手边有数十个短语供他选用，而他自己则知道（在人那有限的能力范围内）应做什么，以及如何做成。[16]

史蒂文森这段描述一语中的：由笨拙模仿而来的不安全感（在莎士比亚的时代是一种长久的焦虑：模仿是"奴性的"动物般的简单仿效吗？）；如运动和音乐领域一样的那种不停练习的需要；以及那令人惊喜的、在试图听起来像别人时却越来越像你自己，也能驾驭更广阔的范围之过程——也就是安德烈·马尔罗（André Malraux）所描述的那种"从拼贴画到风格"[17]的演化。

本杰明·富兰克林（Benjamin Franklin）出于对他年轻时笨口拙舌的不满，买了许多本十八世纪的《观察者》（The Spectator）期刊，作为有力风格的典范。他"希望自己能模仿其风格"。

> 带着这样的观点，我取了一些纸张，将句子中的意思用简单的提示记录下来，把它们放置在一旁，而后让自己不去看那本书，尝试把这些纸上的意思补充完整，将简单提示的意思用尽可能完整的话，如同原文中那样，用我能想出的合适的话表述出来。之后，我将我写出的《观察者》与原文对比，发现我犯的一些错误，并改正它们。[18]

甚至程序员也推荐使用"本杰明·富兰克林编程训练模型"：

1. 找一个你非常佩服的程序，细读其代码。

2. 记录下每一个主要组成部分的作用，以及输入和输出内容。

3. 记录下每个组成部分之间的交互。

4.重新写出程序。

5.对比你的程序代码和原版的程序代码。

6.记录下你能改进的部分，并细致钻研。

不要一味写更多程序。通过研究伟大的程序并试图模仿它们来迅速提高你的能力。[19]

通过抄写原作，并对比他的仿作与原作的区别，富兰克林复制了文艺复兴时期教育者的方法：双重翻译。找一个拉丁语作品当作典范，将它翻译成方言；再把你的版本翻译成拉丁语；而后对比拉丁原文（L1）和经过你的"双重翻译"后的拉丁文（L2）。

这比它听上去还要难！你需要的不仅是搞清楚西塞罗（或者奥维德、塞涅卡、维吉尔或是其他什么人）说过什么，你还需要知道他们是如何说的。你必须抓住他们风格的特点并且在自己的语言中体现——而后以相反的过程用拉丁语模仿西塞罗（或者奥维德、塞涅卡、维吉尔或是其他什么人）。这种简单却基本的作业提供它自有的纠错机制，因为你可以评判 L2 与 L1 之间的差距。

虽然拉丁语的课程在今日不复存在，这个方法却仍然有效。我曾经让学生把莎士比亚的十四行诗翻译成另一种语言（用他们的母语或第二语言），而后再译回到英文。我也曾让他们将《独立宣言》的开头几句话改为现代英语，而后再改回原文。[20] 这种尝试让人注意到文本的肌理，欣赏细节，而且能拉近时代差距和文化差距。最终，"翻译是你学习自己的语言的一种方法"[21]。哪种方式可以最好地表达这意思？什么会遗失？

诺斯洛普·弗莱（Northrop Frye）警示说："我们倾向于依从我们用于思考的那种语言的结构。"如何才能避免这些沟渠，并使用"大脑全部的能力"，而不是"打开水龙头，让许多陈腔滥调如泡沫般涌出"？

迄今为止人们发现的最好办法就是增加其他语言的知识，如此，至少一些支离破碎的话必须被塞进一套不同的语法凹槽里，……人文主义者一向坚持，你若只用一种语言思考，就不能学会全面地思考：你需要在语言的碰撞中更好地思考，从一种语言反弹到另一种语言里。[22]

然而，这并不是说模仿的理想状态并非充满矛盾和紧张。是否应期待一个人完美地再现其范本？（有时候是，但彼特拉克认为不用。）效仿的版本有竞争力吗？（毫无疑问！）是否有本·琼生所说的那种风险："我们坚持模仿别人，久而久之就遗失了自己"[23]？（也许，不过只要怀着超越模仿的目的，我就不担心这种情况会发生。）许多早期现代作家对这种训练提出质疑——包括莎士比亚，他通过一个迂腐的角色之口如此评论："模仿他人则无足观；那便等于是猎犬之于其主人，猴子之于其饲养者，装了鞍辔的马之于其骑者。"[24]

但亚里士多德甚至把我们称作"最擅长模仿的受造物"[25]。若威廉·詹姆士（William James）所言为真，即"每个人其实几乎是单单出于模仿而成为他所是的"[26]，那我们则必须谨慎思考我们模仿什么、如何模仿。正如詹姆士·鲍德温（James Baldwin）警告的："孩子们从来不擅长听从长辈们的话，但他们在模仿其行为上从未失败过。他们必须模仿，因为他们没有别的范本。"[27]

模仿有能使人受益的结果；正如艾迪逊（他本人是富兰克林模仿的对象）充满感激地证实道："我总是在模仿伟大作家的时候超越了自己本身。"[28]一切教育都包含着主体的信息，所以你也可以设计出能最好地利用我们天生倾向的一系列学习方法，而不是忽略这种天性。

克里斯托弗·辛普森（Christopher Simpson）向有雄心的巴洛克作曲家建议，他们应当找来"那些在此类音乐中最受敬仰的作曲家"的乐谱，将空白的五线谱纸放在下面，然后"把它们扎下去"——这是说，用一根针刺穿乐谱，好制造出"模仿的式样"[29]。正如亨特·S.汤普森试图用身体感受"能写出这么好的句子是什么感觉"，这个制造式样的练习让作曲学徒处在大师的位置上，重现其动作。

当我自己的学生询问如何钻研一首诗时，我让他们手写抄录它。要抄抄停停，仿佛你自己正创作这些文字。你

"栖息于"素材的文字中，得到的"不是那种不痛不痒的知识，而是亲密接触原作而产生的熟悉感，……也就是说，我们就变身为作者本人了"[30]。

将近两千年以来，创造性模仿无处不在，它拥抱的"不仅是文学，也有教育学、语法、修辞学、美学、视觉艺术、音乐、历史学、政治学，以及哲学"[31]。昆体良（Quintilian）在论述模仿的一章中如此推测模仿有效性的原因：

> 一个放之四海而皆准的人生道理是，我们应当复制别人那些被我们所认可的品质，……所有学科分支的基础教育，都被某些摆在学习者面前的绝对标准引导着。事实上，我们若不是与那些已经证明其优秀的人相仿，就是与他们不同。[32]

模仿好的范本能使一切人类努力更有力量，从婴儿的感觉运动到奥林匹克运动健将那艰苦卓绝的训练都是如此。而且，经过一段时间有章法的模仿之后，一些令人惊讶的变化就会发生。乔治·桑德斯（George Saunders）记录了这种难以察觉的变化：

> 突然有一天——也许是因为他的年龄，或是有些艰难的事情使他怒气填膺——他啪的一声折断了。再

也不模仿了。到此为止。有什么东西断裂了。他听起来开始像……他自己。或者至少，他听起来不像别的任何人……。他所作的不像是他那些师傅们作的。比不上他们。他的作品更谦逊、更混乱。它细小而卑微。但是至少，它属于他自己。[33]

当我读莎士比亚早期的剧作时，我感觉到一个雄心勃勃的作家非常努力地，通过竞争性的模仿，想要比普劳图斯（Plautus）更胜一筹，或是令塞涅卡失去血色，比马洛更声如洪钟，或是比霍林舍德（Raphael Holinshed）更言之凿凿。* 然而在某个时刻，他听上去开始……更像他自己——或者超过了他自己[34]。我们都如此上下求索。

⌒ 注释 ⌒

1　1a. 亚瑟·戈尔丁（Arthur Golding）在 1567 年翻译的奥维德（Ovid）的《变形记》（*Metamorphoses*）第七卷第 265–266 行。

1b.《暴风雨》（第五幕第一场第 33 行）。

2a. 托马斯·诺斯爵士（Sir Thomas North）在 1579 年翻译

---

　　* 普劳图斯是古罗马的喜剧作家。塞涅卡是古罗马的演说家。马洛是与莎士比亚同时代的剧作家，他的主要竞争对手霍林舍德则是历史作家，莎士比亚的许多历史剧都以后者的作品为素材。

的普鲁塔克（Plutarch）的《希腊罗马名人传》（*Lives of the Noble Grecians and Romans*）。

2b.《安东尼与克里奥佩特拉》（第二幕第二场第 204–211 行）。

3a. 约翰・弗洛里奥（John Florio）在 1603 年翻译的蒙田（Michel de Montaigne）的《论野蛮民族》（Of Cannibals）。

3b.《暴风雨》（第二幕第一场第 143–149 行）。

2　安东尼・伯吉斯（Anthony Burgess），《莎士比亚》（*Shakespeare*），克诺夫出版社（Knopf），1970 年，第 29 页。

3　在《神圣森林》（*The Sacred Wood*）中论及莎士比亚的同时代人菲利普・麦辛哲（Philip Massinger）时所说，克诺夫出版社（Knopf），1921 年，第 114 页。

4　《哈姆雷特》（第二幕第二场第 324–326 行）。

5　1899 年 8 月 12 日，《热情的学徒：早期日志，1897—1909》（*Passionate Apprentice: The Early Journals, 1897–1909*），兰登书屋（Random House），2018 年，第 227 页。

6　《真正的工作》（The Real Work），《俄亥俄评论》（*Ohio Review*），第 18 卷，第 3 期（1977 年），第 67–105 页。

7　安东尼・詹金斯（Anthony Jenkins）访谈，《环球邮报》（*Globe and Mail*），2017 年 3 月 25 日。

8　西蒙・斯坦福（Simon Stanford），对德里克・瓦尔科特（Derek Walcott）的采访（2005 年 4 月 28 日）：https://www.nobelprize.org/prizes/literature/1992/walcott/25106-interview-transcript-1992/。

9　《伏尔泰轶事》（Anecdotes of Voltaire），《贵妇杂志》（*The Lady's Magazine*）1786 年第 17 期，第 378 页；埃里克・本特利（Eric Bentley），《本特利论布莱希特》（*Bentley on Brecht*），第三版，西北大学出版社（Northwestern University Press），2008 年，第 390 页。

10 《自立》（Self-Reliance），《论文：第一集》（*Essays: First Series*）（J. 门罗出版公司［J. Munroe and Company］，1841年）；《引文与原创性》（Quotation and Originality），《通信与社会目的》（*Letters and Social Aims*），詹姆斯·R. 奥斯古德出版社（James R. Osgood），1876年。

11 《埃涅阿斯记》（*Aeneid*）致辞，1697年，第32页。

12 乔纳森·布朗克（Jonathan Blunk），《詹姆士·莱特：诗中生活》（*James Wright: A Life in Poetry*），法拉尔、施特劳斯与吉鲁出版社（Farrar, Straus and Giroux），2017年，第47页。

13 在纪录片《买票，上车》（Buy the Ticket, Take the Ride, 2006）中采访亨特·S. 汤普森（Hunter S. Thompson）时所说。

14 马歇尔·迈尔斯（Marshall Myers），《"古旧的宏伟"：对影响了亚伯拉罕·林肯写作风格的因素之研究及对其写作习惯的简短调查》（'Rugged Grandeur'：A Study of the Influences on the Writing Style of Abraham Lincoln and a Brief Study of His Writing Habits），《修辞评论》（*Rhetoric Review*）第23卷，第4期（2004年），第350-367页。

15 威廉·华兹华斯（William Wordsworth），《不朽颂》（Ode: Intimations of Immortality from Recollections of Early Childhood），第107-108行。

16 《学会写作》（Learning to Write），1888年。

17 引自哈罗德·布鲁姆（Harold Bloom），《影响的焦虑》（*The Anxiety of Influence*，1973），牛津大学出版社（Oxford University Press），1997年，第26页。

18 《自传》（*Autobiography*），美国文库出版社（Library of America），1990年，第15页。

19 路易·丁（Louie Dinh），《本杰明·富兰克林会怎样学编程》

（ How Benjamin Franklin Would've Learned to Program ）（ 2013 年 9 月 20 日 ）: https://github.com/louiedinh/python-practice-projects/blob/master/content/blog/how-benjamin-franklin-learned-to-program.md。

20　丹尼尔·艾伦（ Danielle Allen ）的《我们的宣言》（ *Our Declaration*, 诺顿出版社［ Norton ］, 2014 年 ）一步步进行了缓慢阅读法，与非传统学生紧密结合在一起。这是一个启发性的、谨慎思考的模板。

21　以斯拉·庞德（ Ezra Pound ）给 W. S. 墨尔文（ W. S. Merwin ）的建议，引自《诗歌档案》（ *The Poetry Archive* ）: https://www.poetryarchive.org/poet/ws-merwin。

22　《受过教育的想象力》（ *The Educated Imagination*，1963 ），阿楠溪出版社（ House of Anansi Press ），2002 年，第 72 页。

23　《木材，或探索》（ Timber, or Discoveries, 1640–1641 ），引自《诗歌全集》（ *The Complete Poems* ），乔治·巴菲特（ George Parfitt ）编，企鹅出版社（ Penguin ），1996 年，第 407 页。

24　《爱的徒劳》（第四幕第二场第 118–119 行）。【译注：原文中说这句话的是卖弄学问、迂腐可笑的教书先生郝娄弗尼斯（ Holofernes ）。】

25　《诗术》（或译:《诗学》）（ *Poetics*，约公元前 350 ）第四章第二句，S. H. 巴切尔（ S. H. Butcher ）译，多佛（ Dover ），1951 年，第 15 页。

26　《与教师的谈话》（ *Talks to Teachers* ），亨利·霍尔特出版社（ Henry Holt ），1914 年，第 48 页。

27　《第五大道，市郊:哈林区来信》（ Fifth Avenue, Uptown: A Letter from Harlem ），《无人知道我的名字》（ *Nobody Knows My Name*，1960 ），古典出版社（ Vintage ），2013 年，第 48 页。

28　《尊敬的约瑟夫·艾迪逊侍卫作品集；共四卷:第四卷》（ *The*

Works of the Right Honourable Joseph Addison, Esq; In Four Volumes: Volume the Fourth），1721 年，第 237 页。

29　《实用音乐大全》（*Compendium of Practical Musick*），1677 年，第 145 页。

30　嘉姆巴蒂斯塔·维科（Giambattista Vico），《论我们这时代的研究方法》（*On the Study Methods of Our Time*，1708-1709），以利奥·詹图尔克（Elio Gianturco）译，康奈尔大学出版社（Cornell University Press），1990 年，第 73 页。

31　托马斯·格林（Thomas Greene），《特洛伊之光》（*The Light in Troy*），耶鲁大学出版社（Yale University Press），1982 年，第 1 页。

32　《昆体良的演说术原理》（*The Institutio Oratoria of Quintilian*），第四卷，H. E. 巴特勒（H. E. Butler）译，普特南出版社（G. P. Putnam's Sons），1922 年，10.2.2-3，第 75 页。

33　摘自《衰退时期的内战疆土》（*CivilWarLand in Bad Decline*）的"作者后记"，兰登书屋（Random House），2012 年，第 197 页。

34　西奥多·罗特克（Theodore Roethke），《如何像别人一样写作》（How to Write like Somebody Else），《论诗歌和技艺：散文选集》（*On Poetry and Craft: Selected Prose*，1959），黄铜峡谷出版社（Copper Canyon Press），2001 年，第 62 页。

九、练习

> 智力就好像一块肌肉，它必须被训练。
>
> ——塔那西斯·科茨（Ta-Nehisi Coates），《如何成为一个有政治见地的记者》（How to Be a Political-Opinion Journalist, 2013）

我的大学田径教练名叫威尔·弗里曼（Will Freeman）——这可正是莎士比亚式的雅号（"你的名字拼法恰如你本人"[1]）！在热身部分，威尔让我们跌跌撞撞地做"超等长训练"（plyometrics）*。伸展运动之后，我们又得用各种可笑的方式跑短跑：退着跑，跳着跑，单脚跳，剪刀式侧步跑——只要不是直着往前跑就行。莎士比亚童年时代的教科书推荐"用各种方式顺写或逆写"[2]——仿佛一

---

* 一种通过弹跳训练肌肉的方法。

种文字的超等长训练。

超等长训练感觉很蠢，但它的目标是简单明确的：你要是想在直线跑中脱颖而出，就得练习不沿着直线跑步。我们训练的是不同的肌肉群，所以当我们回到原初的步态时，不仅变强了，而且心态也变得更轻松。这是一种在跑步中的交叉训练。不过在做其他运动时，我们也做了交叉训练，就像足球运动员练习自行车，自行车运动员练习游泳，而游泳运动员饮酒一样（咳，至少格林内尔学院的游泳运动员是这样的）。

诺贝尔化学奖得主（他也是格林内尔学院的毕业生）托马斯·切赫（Thomas Cech）用"交叉训练"的比方来说明身体与头脑的关系：

> 比起花同样的时间练习感兴趣的运动，交叉训练能更有效地练习到关键肌群。……学院中的交叉训练培养学生收集和整理事实与观点的能力，训练学生分析和判断它们的价值，并清楚地提出观点，这比重写一份实验室报告能更有效地提升他们的这些技能。[3]

正如想要击中目标的最糟方法就是瞄准目标本身，"为了成为一名工程师，只做工程师做的事是不足够的"[4]。而与直觉恰恰相反的是，"为了实现自由舞蹈，按照预先编排好的舞蹈动作表演则是更行之有效的刺激办法"[5]。

如果"练习能使头脑变得有力且敏锐"[6]，那么这种头脑训练的条件是什么呢？怎么才能阻止那些不怀好意者在你的小脑里欺负你呢？

你需要在健身房里——通过一套系统的脑力健美操方案，即古希腊的"预热练习法"（Progymnasmata）——来练习你的头脑。这是一种共十四步修辞训练方案的练习，其复杂程度层层递进，从复述《伊索寓言》开始，一直到为一个立法议案辩护。这个练习方法在一世纪的时候被整合，在四世纪的时候被阿弗所尼乌斯（Aphthonius）改良扩充，在十六世纪初被翻译成拉丁语（就算是人文主义时期的教师们也觉得希腊语难懂！），在 1563 年由理查德·莱诺尔德（Richard Rainolde）用英语解释了一番（这本书被殖民者带到了新英格兰），因而"预热练习法"成了近两千年来一直被使用的修辞学手册。

莱诺尔德的译本有一个建筑学的名字，《修辞基础》（*The Foundation of Rhetorike*）。它是一种强迫学生效法范本，扩充以及浓缩叙事，熟悉不同体裁与媒介，将数量可观的范式内化，精神抖擞地创作，以及演练辩论的完整体系——整体而言，它能提升学生对风格的把握。这套练习目标宏大，但同时给学生们提供了实现宏大目标的基础构架——温斯顿·丘吉尔（Winston Churchill）将它称作"搭建修辞的钢架结构"[7]。

一个老掉牙的笑话是这么说的，去卡内基音乐厅怎么

走？练习，练习，练习。（这用了"同语反复"[epizeuxis]
的修辞法，或者用普顿厄姆的话讲，叫"布谷鸟鸣"法：
重复，重复，重复。[8]）学生一边做枯燥的模仿，一边练习
自己创作。这不仅是"超出教学大纲的写作"，这是以写作
为大纲的教学。

古希腊人练习语言就好像律师练习法律，或是医生练
习用药一样：随时随地，把练习当作他们活动身份的一部
分。这就是为了职业做预备的语言训练：无论将来的就
业是在教会，在法庭，还是在市场里。正如维拉·塔普
（Twyla Tharp）对于舞蹈的信念："日常练习也是创造性过
程的一个部分，比起闪电般的灵感毫不逊色，甚至更胜
一筹。"[9]

这些练习最终都是为了流畅的演出。薇拉·凯瑟（Willa
Cather）说道："要想显得自然，就需要有非常多的经验。"[10]
练习让人能"表现得自然"。而这些修辞习惯的培养直到不
久前都仍被教育者坚持使用。十九世纪的一位教师曾说过
这样的话，即使放在莎士比亚的时代或是西塞罗的时代
也是同样适用的：

> 你上一所好学校，与其说是为了学习知识，不如
> 说是为了获得技艺和培养习惯，为了养成专注的习惯，
> 为了掌握表达的技艺，这技艺能使人在短暂的时间里
> 作出某种学识的姿态，或是快速地进入另一个人的思

想，这习惯使人可以服从审查管制并有效反驳，还有使用规范学术语言表示赞同或者否定的技艺，关注微小观点的准确性的习惯，以及在给定的时间里计算出可行方案的习惯。你上一所好学校也是为了培养品位、鉴察力、心智的勇气与清醒。但最重要的是，你上一所好学校是为了了解你自己（self-knowledge）。[11]

莎士比亚式的教育让我们有机会培养这些个人（及文化）蓬勃发展所必需的思维习惯。我们都需要锻炼好奇心、智力敏捷性、分析的决断力、机智沟通的耐心、在历史及文化背景中反思的能力，以及积极应对复杂情况的信心。简而言之：在无论什么领域创造更好事物的雄心。

我们一遍又一遍训练这些习惯，直到它们"成了你的一部分，你绝不可能再忘记"[12]。正如运动员需要训练出"自然的"挥舞动作，或是音乐家们通过手指练习培养操作乐器的娴熟——这种训练曾使躁动不安的青年希特勒（Adolf Hitler）怒火中烧！[13] 正如乔治·艾略特（George Eliot）小说《丹尼尔的半生缘》中的克莱斯莫先生所说的："最初的天才只比接受规训的巨大能力多那么一点。"[14]

同样，思考的经验"能被赢得，类似于其他做事的经验，但只能通过实践，通过不断地练习"[15]。伊拉斯谟知道风格的奥秘根本不是秘密："写作，写作，再写作。"[16]最近的一个研究结论是：用于预测一个学生在大学中的阅

读、写作及思辨能力发展的最佳指标就是……修完了一些
对阅读、写作及思辨能力要求较高的课程。[17] 别说了，别
说了！[18]

十七世纪教育家约翰·阿莫斯·夸美纽斯（John Amos
Comenius）知道：

> 手艺人不会让他们的学徒一心扑在理论上；他们
> 让学徒立刻开始工作，好叫他们在冶炼中学会冶炼，
> 在雕刻中学会雕刻，在绘画中学会绘画，在跳跃中学
> 会跳跃。因此，在学校里，就应该让孩子们通过写学
> 会写，通过讲学会讲，通过唱学会唱，通过说理学会
> 道理，等等，因此学校也可以只由许多可以热情完成
> 工作的坊间组成。[19]

爱彼克泰德在更早的时候就已经知道这一点了：

> 每一种习惯和能力都是通过重复其对应行为而被
> 确认以及强化的，如通过走路加强走路的能力，通过
> 跑步加强跑步的能力。如果你希望有阅读的能力，就
> 应当多读；如果是写作的能力，多写……。笼统地说，
> 你要是想形成任何习惯，就多做那件事。[20]

罗伯特·骚赛（Robert Southey）将这洞见提炼为："多

写，才能写得精彩。"[21]

鉴于现在的教育正统认为"说教式的写作阻碍了创造力和自由表达"，想要在今天重新做出一个被修辞学浸透的课纲显得困难重重。有一些学校算是令人充满希望的例外，比如在新村高中（New Dorp High School），所有科目的所有教师都会接受写作的训练。这些练习由严密构架的句子训练开始，而后向难度递增的写作任务迈进——简而言之，这些基本条件与"预热练习法"相同。一位研究过这所学校的学者如此说：

> 当教师们尝试让教学回归基础练习时，……他们看到在思考和写作的质量上的明显进步，而当教师放慢节奏，展示如何才能写出好文章时，学生们就能达到高中的要求。……而最有悖于（现在的）文化，且不是在知识层面的，是如何在思维和内容方面增强学生创造句子及其成分的能力。[22]

这样一种课程设置有着缜密的结构（而不是漫不经心地组织在一起），从字词开始，逐渐增加复杂性。长久以来，却一直存在针对它的敌意，这实在令人烦恼。要想找到比意大利共产主义者安东尼奥·葛兰西（Antonio Gramsci）更坚定的文化霸权批评者不是一件容易事——不过葛兰西又是怎样论述教育的呢？

> 应当孜孜不倦地培养某些勤勉、精确、得体（甚至形体上的），以及专注于特定学科的习惯；这些只有通过不断机械地重复严格且有章有法的行为才可能获得。[23]

（葛兰西一点也不反对学习拉丁语和希腊语！）伊拉斯谟坚持认为，规规矩矩的练习能够——而且也理应——产生快乐：若是使用温和的教导方法，教育的过程会更像游戏而非工作[24]。

人文主义教育有这样的特点：

> 很明显的，将重点放在头脑与文字的游戏上。文法学校毕业的男孩总能找到让任何文字或者想法变得有趣的办法，或者——两者异曲同工——系统地发展任何文字或是想法。都铎时代语言和表达的花繁叶茂并非偶然，而是精心培育的结果。[25]

这种富于趣味的花繁叶茂正是通过"预热练习法"的十四个步骤形成的：寓言，叙事，论述，格言，辩论，证明，至理名言，赞美词，批判，对比，角色塑造，描写，论文，以及司法文。美国的大学入学评测（AP exam）将论述文扭曲成了枯燥乏味、陈腐、平淡而且毫无益处的五段式论文[26]，相比之下，"预热练习法"的写作种类是多么丰富啊！

以一个具有代表性的练习为例：

11　角色塑造（*êthopoeia*）练习：模仿某个人物的言谈举止。

这个练习让你假装成一个假定场景中的虚构人物（persona），而目标则是让你模仿不同于自己的性格。[27]如今，我们教导学生要"找到他们自己的声音"。都铎教育者所要求的正好相反：像别人一样说话——比如，神话历史中一个伤心欲绝的女人，"奈欧璧（Niobe）*哭她死去的孩子时所说的话"，让一个儿子生出这样的念头：

她送我父亲的尸首入葬的时候，像是奈欧璧一般哭成个泪人儿，她那天穿的鞋子现在还没有旧。

———————————

　　* 奈欧璧是古希腊神话中的人物。她是坦塔洛斯（Tantalus）王的女儿，嫁给了底比斯国王安菲翁（Amphion）。她生了七个儿子和七个女儿，并以此为傲。一次，在祭拜阿波罗和阿尔特弥斯的母亲勒托（Leto）的庆典上，她傲慢地吹嘘自己所生育的儿女，因此激怒了阿波罗和阿尔特弥斯，于是她所有的子女都被这兄妹杀害，她的丈夫因悲痛而自杀，而奈欧璧则化身成西毗卢思山（Mount Sipylus）的一块石崖，眼泪变成溪流流淌至今。

又或者，"在特洛伊城沦陷时赫鸠巴（Hecuba）*说的
话"，也许会让一个学生想到这句：

> 赫鸠巴对他有什么关系？他对赫鸠巴又有什么关
> 系，要他来哭她？[28]

在这些情况下，哈姆雷特最终想到的是一个假装哭丧
的人。

角色塑造练习鼓励一个英国的乡村男学生想象在另
一个国度，成为另一种性别，信仰另一种宗教，在另一
个时代，处于不同事件的压力下，会是怎样的一种感受。
现在我们所说的"同理心"（empathy），或者说感受他人
之感受，对于莎士比亚来说更为熟悉的表达则是"交情"
（fellowship）——无论在痛苦还是快乐中，让别人参与进来，
成为同伴（copartner）[29]。在十七世纪中期，玛格丽特·卡
文迪许（Margaret Cavendish）赞扬莎士比亚如此这般的
能力：

> 活灵活现地表达各样人物，无论他们是何种品行、
> 职业、职位、教养，以及出身；他也不乏机智来表现
> 人类的各色不同性情、天赋，以及情感；他在戏剧作

---

* 赫鸠巴是特洛伊王的正妻，在特洛伊被希腊人攻破时成了俘虏。

品中如此准确地表现了各样人物，让人怀疑他曾经化身成了他笔下的每个人物。[30]

一个世纪以后，伊丽莎白·蒙塔古（Elizabeth Montagu）同样认为，莎士比亚"能将他的灵魂注入另一个人的身体，而且立刻就沉浸于那人的感受与激情中，直到他所思所做都能完全依照那人所处的境遇"[31]。

"心理理论"，我们现代人用这个词描述此类感同身受的代入——正如托马斯·莫尔爵士斥责那些难以驾驭的伦敦暴民时，催他们想象自己正处于那些可怜的外乡人（也就是难民）的位置上："你会往哪里去呢？……哎呀，你必须沦落他乡，……你若是遭遇此景，会如何作想？"[32]

一个我教过的学生曾写信给我，使我明白了这（共情）如何能通过诗句实现。他名叫克里斯托弗·格拉博（Christopher Grubb），如今已经是一名外科医生。他说此前他背诵过的一首十四行诗给了他接近病人的灵感。在第73首十四行诗中，说话人将他即将消逝的生命比作一棵正在掉叶子的树：

> 从我身上你可看到这样的季节，
> 寒风中颤抖着的树枝上面
> 是光秃秃的，或只挂着几片黄叶，
> 像是好鸟栖过的唱坛废墟一般。

这才是无用的知识！但它真的无用吗？莎士比亚在此处用了双重共情——说话人想象的是听者想象中说话人老去的样子："从我身上你可看到这样的季节"。（他甚至修改了运转中的思想，从"一些"树叶到"没有"树叶，而后又回到"几片"树叶，从自己寿命的边缘缩了回来。）克里斯（即克里斯托弗）通过默想这些诗句，更能代入他人的生命。[33] 扎迪·史密斯（Zadie Smith）对此感到惊讶：

> 莎士比亚总是能看到一件事的两面。……在他的剧作中，他是男人、女人、黑人、白人、信徒、异端者、天主教徒、新教徒、犹太教徒、穆斯林……。他明白激烈且单一的确定性能创造出什么，或是毁灭什么。他的回应则是让自己……从多个角度说真话。[34]

当社会舆论依旧在孤立我们，把个体变成孤僻且自言自语的单位时，今时今日我们也能从这样的交情中获益——若人们都坚持"从多个角度说真话"。

上一章已经展示了莎士比亚的时代有多么重视纯粹的模仿，以至于它看起来与原文并无二致，就像"双重翻译"一样。另一方面，他的时代也推崇那种几乎使主体淹没在浮夸的言辞中的奢华模仿，这正是伊拉斯谟在《论丰富》（De copia）中所谈到的意思。"Copia——丰富"成了英语中"复制"（copy）的词源——托施乐（Xerox）*之福，我们用这个词指代一模一样的复制品。

不过，"copia"在当时的语境中更接近我们所说的富足，往往与"丰饶之角"相关联，也叫"cornucopia"。在托马斯·艾略特（Thomas Elyot）1538年版字典中，这个词是丰富、善辩、力量、准许、众多的同义词。另一个意思相同的词应当是"资源丰富"（resourcefulness），即能动用现有资源制造出某件东西的智谋（并且首先是拥有许多资源）。

在伊拉斯谟如同放烟花般展示他的灵巧言辞时，他变着花样表达 "tuae litterae me magnopere delectarunt"（您的信令我心情大悦）的意思，变换其中的动词、形容词和词序……，凡是你能想到的。你能用多少种不同的方式表达"同一个意思"？

> 您的信令我心情大悦。
>
> 读了您的信，我心花怒放。
>
> 狂喜如我，只因读了您的信。
>
> 若非您的信，我怎能如此喜悦？
>
> 我快乐得无以复加，因为您的信。
>
> 惠书敬悉，不胜欣慰。

---

* 施乐是美国一个著名品牌，施乐公司拥有第一台静电复印机的专利。

接获手书，快慰莫名。

您的简函使我精神倍增。

我精神倍增，皆因拜读惠笔所书信函。

来函情意拳拳，令我喜出望外。

数页手书，在我心中激起难得之快乐。

读了您的书信后，我心中生出奇妙的喜悦。

您写的每一行字都给我带来至高的欢乐。

至高的快乐通过您的一行行文字到达我的心中。

喜得阁下手书，孤心大悦。[35]

……另外还有多于 130 种变化！[36] 仿佛这些还嫌不足，作者在这诸多变化之后，又给出了 200 种 "*semper dum vivam tui meminero*"（我会永远爱——错了，是记得——你）的表达法。

伊拉斯谟明白，"显得造作的丰富辞藻是危险的"（这是第一章的标题），也知道必须同时研究词语（*verba*）以及所指（*res*）。莎士比亚喜爱这样的文字游戏，即使他嘲笑它的华而不实：*caelo*，天空，穹庐，上苍，……*terra*，土壤，大地，尘世[37]。

我的学生在读到那份夸张的"您的信令我心情大悦"的变式清单时总会哈哈大笑。不过，这种训练变化的"*copia*"练习使人能够欣赏（并且拓展）可能性的疆域，而后才能用"对"表达。如奥威尔所言，你只需要"让现

成的辞藻涌入"你的头脑中，

> 它们就会帮你造句——甚至在一定程度上帮你思考某些想法——在需要的时候，它们还有一份重要工作——掩藏起一部分意义，甚至连你自己也搞不懂。就是到了这地步，政治与语言退化之间的特殊关联才变得清晰起来。[38]

孔子一语中的，指出 "copia" 练习能迫使人精准使用语言：

> 名不正则言不顺，言不顺则事不成，事不成则礼乐不兴，礼乐不兴则刑罚不中，刑罚不中，则民无所措手足。故君子名之必可言也，言之必可行也。[39]

言辞至关重要。

～ 注释 ～

1　《辛白林》（第五幕第四场第 442–443 行）。
2　威廉·黎里（William Lily）的《语法简介》（*A Shorte Introduction of Grammar*, 1549），引自杰夫·朵尔文（Jeff Dolven），《教学场景》（*Scenes of Instruction*），芝加哥大学出

版社（University of Chicago Press），2007年，第35页。

3 《文科大学的科学：更好的教育？》（Science at Liberal Arts Colleges: A Better Education?），《与众不同的美国人：本土的文科学校》（*Distinctively American: The Residential Liberal Arts Colleges*），史蒂文·克伯利克（Steven Koblik）与斯蒂芬·R.格罗巴耳德（Stephen R. Graubard）编，劳特利奇出版社（Routledge），2000年，第210页。

4 何塞·奥尔特加·伊·加塞特（José Ortega y Gasset），《作为技工的人》（Man the Technician），《面对历史的哲学》（*Toward a Philosophy of History*），诺顿出版社（Norton），1941年，第103页。

5 玛莎·努斯鲍姆（Martha Nussbaum）在复述拉宾德拉纳斯·塔格勒（Rabindranath Tagore）针对女性平等权利的激进教育时所说，收录于《不为收益》（*Not for Profit*），普林斯顿大学出版社（Princeton University Press），2011年，第105页。

6 索尔兹伯里的约翰（John of Salisbury）在《元逻辑论》（*Metalogican*, 1169）中引用察尔特莱斯的贝尔纳德（Bernard of Chartres）的教学法时所说。

7 未发表的论文（1897），见兰道夫·S.丘吉尔（Randolph S. Churchill）的《温斯顿·S.丘吉尔：青年时代，1874—1900，评注本》（*Winston S. Churchill: Youth, 1874–1900, Companion Volume*），第二部，霍弗顿·米夫林出版社（Houghton Mifflin），1967年，第816–821页。

8 《英语诗歌艺术：详注版》（*The Art of English Poetry: A Critical Edition*），弗兰克·辉格姆（Frank Whigham）与韦恩·A.雷柏霍恩（Wayne A. Rebhorn）编，康奈尔大学出版社（Cornell University Press），2007年，第285页。埃德加·德加（Edgar Degas）："重复画同一个主体，十遍，甚至百遍，是极为重要

的。艺术中不应有任何看似偶然的东西，哪怕是动作。"给巴托洛梅（Bartholomé）的信（那不勒斯，1866年1月17日），引自埃里克·普罗特（Eric Protter），《画家论作画》（*Painters on Painting*），格罗塞特和邓拉普出版社（Grosset & Dunlap），1971年，第27页。

9　《创造性习惯》（*The Creative Habit*），西蒙与舒斯特出版社（Simon & Schuster），2003年，第7页。

10　凯瑟（Willa Cather）在接受拉特罗伯·卡罗尔（Latrobe Carroll）的采访时所说，《读书人》（*Bookman*），1921年5月3日。《薇拉·凯瑟本人说》（*Willa Cather in Person*），L. 布伦特·伯勒克（L. Brent Bohlke）编，内布拉斯加大学出版社（University of Nebraska Press），1986年，第21页。

11　威廉·约翰逊·科里（William Johnson Cory），《伊顿改革》（*Eton Reform*），朗曼、格林、朗曼和罗伯茨出版社（Longman, Green, Longman and Roberts），1861年，第6-7页。

12　雅克·丕平（Jacques Pepin），《雅克·丕平技术合集》（*Jacques Pepin's Complete Techniques*），黑狗与勒文塔尔出版社（Black Dog & Leventhal），2001年，第vii页。

13　"这种愚蠢的'手指练习'使他陷入暴怒。……［对希特勒而言］音乐中最重要的是灵感，而不是练习手指。"奥古斯特·库比泽科（August Kubizek），《我认识的青年希特勒》（*The Young Hitler I Knew*），杰弗里·布鲁克斯（Geoffrey Brooks）译，1953年，格林希尔出版社（Greenhill），2011年，第78页。

14　《丹尼尔·德隆达》（*Daniel Deronda*, 1876），格莱厄姆·亨得利（Graham Handley）与K. M. 牛顿（K. M. Newton）编，牛津大学出版社（Oxford University Press），2014年，第216页。

15 汉娜·阿伦特（Hannah Arendt），《过去与未来之间》（*Between Past and Future*，1961），企鹅出版社（Penguin），2006 年，第 13 页。

16 《德西德里乌斯·伊拉斯谟论教育的目的与方法》（*Desiderius Erasmus, Concerning the Aim and Method of Education*），威廉·哈里森·伍德沃德（William Harrison Woodward）译，剑桥大学出版社（Cambridge University Press），1904 年，第 165 页。这里又用了同语反复！

17 理查德·阿鲁姆（Richard Arum）与约斯帕·罗克萨（Josipa Roksa），《学院式漂流》（*Academically Adrift*），芝加哥大学出版社（University of Chicago Press），2011 年。

18 《哈姆雷特》（第二幕第二场第 321 行）。

19 P. 鲍威特（P. Bovet），《J. 阿莫斯·夸美纽斯》（*J. Amos Comenius*），日内瓦（Geneva），1943 年，第 23 页。

20 《言论》（*Discourses*），P. E. 马瑟森（P. E. Matheson）译，多佛（Dover），2012 年，第 102 页。

21 杰克·西蒙斯（Jack Simmons），《骚赛》（*Southey*），柯林斯出版社（Collins），1945 年，第 218 页。

22 见卡特琳娜·施瓦尔茨（Katrina Schwartz），《是时候回归写作教学的基础练习了？》（Is It Time to Go Back to Basics with Writing Instruction?），KQED，2017 年 2 月 20 日：https://www.kqed.org/mindshift/47069/is-it-time-to-go-back-to-basics-with-writing-instruction。新村高中沿用了朱迪斯·霍奇曼（Judith Hochman）的方法，后者主张，"如果假设写作的题目只有与学生自己的生活相关，他们才会对作业感兴趣，就是在侮辱学生"。《大西洋月刊》（*Atlantic*），2012 年 9 月 26 日。

23 《安东尼奥·葛兰西狱中笔记选集》（*Selections from the*

Prison Notebooks of Antonio Gramsci），昆汀·霍尔（Quintin Hoare）与杰弗里·诺维尔·史密斯（Geoffrey Nowell Smith）编译，国际出版社（International Publishers），1971 年，第 37 页。

24　《论孩子的教育》（*De pueris instituendis*），《文学及教育学作品集 4》（*Collected Works: Literary and Educational Writing 4*），J. K. 索瓦尔兹（J. K. Sowards）编，多伦多大学出版社（University of Toronto Press），1985 年，第 324 页。

25　瓦尔特·昂（Walter Ong），《修辞、传奇与技术》（*Rhetoric, Romance, and Technology*），康奈尔大学出版社（Cornell University Press），2012 年，第 63 页。

26　《哈姆雷特》（第一幕第二场第 133 行）。参见约翰·华纳（John Warner），《他们为什么不会写作》（*Why They Can't Write*），约翰·霍普金斯大学出版社（Johns Hopkins University Press），2018 年。有关用观点列表思考的危害，见爱德华·塔夫特（Edward Tufte）的《PPT 的认知风格：为内部腐化背书》（*The Cognitive Style of Powerpoint: Pitching Out Corrupts from Within*），图像出版社（Graphics Press），2003 年：http://www.edwardtufte.com/tufte/powerpoint。

27　爱德华·P. J. 科尔贝特（Edward P. J. Corbett），《古典修辞学中的模仿理论与实践》（The Theory and Practice of Imitation in Classical Rhetoric），《大学写作及沟通》（*College Composition and Communication*）第 22 卷，第 3 期（1971 年 10 月），第 250 页。

28　《哈姆雷特》（第一幕第二场第 147–149 行，第二幕第二场第 478–479 行）。

29　《强奸卢克蕾提亚》（*The Rape of Lucrece*），第 789 行。保罗·布鲁姆（Paul Bloom）和弗里兹·布莱特郝特（Fritz

Breithaupt）提醒人们在呼吁"同理心"以治疗社会痼疾时应谨慎；南瓦利·瑟派尔（Namwali Serpell）在《无处不在的同理心》（The Banality of Empathy）一文中（援引阿伦特）强调了同样的问题，《纽约书评》（*New York Review of Books*），2019年3月2日：https://www.nybooks.com/daily/2019/03/02/the-banality-of-empathy/。

30 《十分高贵、声名远扬、出色的公主，纽卡瑟尔女侯爵夫人所书 211 封社交书信之第 123 封信》（Letter 123 of CCXI Sociable Letters Written by the Thrice Noble, Illustrious, and Excellent Princess, the Lady Marchioness of Newcastle, 1664）。

31 《论莎士比亚作品及其天才》（*An Essay on the Writings and Genius of Shakespeare*），1769 年，第 37 页。

32 这篇演讲的复刻本，据说为莎士比亚亲笔所书，能够在网上看到，并伴有伊安·迈凯伦（Ian McKellan）、哈丽埃特·华尔特（Harriet Walter）及其他演员和难民的录音：https://qz.com/786163/the-banned-400-year-old-shakespearean-speech-being-used-for-refugee-rights-today/；https://www.youtube.com/watch?v=4Bss2or4n74。

33 威廉·燕卜荪（William Empson）在他那天才的《朦胧的七种类型》（*Seven Types of Ambiguity*，1930）的开头解读了这些句子，新方向出版社（New Directions），1966 年，第 3 页。

34 《说方言》（Speaking in Tongues），《纽约书评》（*New York Review of Books*），2009 年 2 月 26 日。

35 《丰富：充裕风格的根基》（Copia: Foundations of the Abundant Style），《文学和教育学作品集 1 和 2》（*Literary and Educational Writings 1 and 2*），贝蒂·I. 诺特（Betty I. Knott）译，多伦多大学出版社（University of Toronto Press），1978 年，第 427 页起。

36 我教过的一个学生，阿德里安·斯凯弗（Adrian Scaife），向我讲述了一位朋友的故事。他曾需要给一个广告公司想出同一个口号的超过一百种变式，"即便你认为你已经想出来最佳的那句了"。在《证明的 99 种变化》（*99 Variations on a Proof*）（普林斯顿大学出版社［Princeton University Press］，2019）中，菲利普·奥尔丁（Philip Ording）通过一系列聪明的方法解决了同样的难题。而雷蒙·克努（Raymond Queneau）在他的《风格练习》（*Exercises in Style*, 1947）中用万花筒般千变万化的方式讲述了同一件平常琐事（关于坐公交车）。

37 《爱的徒劳》（第四幕第二场第 5–6 行）。

38 《政治与英语语言》（Politics and the English Language, 1946），《奥威尔读者：小说、论文和新闻报道》（*The Orwell Reader: Fiction, Essays, and Reportage*），水手图书公司（Mariner Books），1961 年，第 362 页。

39 《论语》（《子路》第三章），被埃里克·海勒（Erich Heller）在《现代世界的讽刺家》（Satirist in the Modern World）中复述，《泰晤士报文学副刊》（*Times Literary Supplement*），1953 年 5 月 8 日。【译注：引文的英文翻译基本准确，此处用中文原文代替。】

十、谈话

谈话是学生的实验室和工作间。
——拉尔夫·华尔多·爱默生，
《思维哲学的自然方法》(The Natural
Method of Mental Philosophy, 1858)

我所崇敬的人之一，肯尼斯·博克（Kenneth Burke），在二十世纪二十年代从大学退了学，在格林威治村自学成才。在接下来的七十年里，他那天马行空的机智在许多分散的学科领域做出了贡献，如社会学、宗教学、历史学、写作研究，甚至莎士比亚研究。他有一颗修辞学家的心，也有一个工于文字者那捕捉引人深思的隐喻的机敏——比如以下这个关于想法之展开的隐喻：

想象你进入了一间会客厅。你迟到了。当你到达时，别人早在你前面开始了，正激烈讨论着什么。讨论过于激烈，让他们难以停下来告诉你内容是关于什么的。事实上，讨论在任何人到达之前早已开始了，所以在场的没有任何人能告诉你讨论是如何发展到这一步的。你听了好一会儿，直到你感觉已经把主要论题的基调搞清楚了，然后你插了一句。有人回应；你回答了他；又有人支持你的论点；另一个人加入了反对你的论点的阵营，这可能让你的对手尴尬，也可能让他满意，全取决于你的同盟提供的支持是否有效。不过，讨论是无休无止的。天色渐晚，你必须走了。于是你起身离去，讨论却依然激烈地进行着。[1]

博克将思想史上永无止境的谈话戏剧性地表现了出来——我们进入一场概念性的辩论中，在某个主张上面押注，而后（最终）退场。它总是从中间开始，并无结论性的终点，因此听起来很像一场苏格拉底式对话（Socratic dialogue）！博克的"会客厅"场景依靠着"谈话"这种社交艺术，既包括辩论，也包括劝说，但在语气上更善意且温和。它不仅包括法庭上的、学校里的、政府中的，以及市场上的语言，也存在于个人的及审美的场域里。

莎士比亚时代所褒奖的，是谈话让我们通过与他者接触，擦拭及打磨我们自己的头脑的能力。[2]当时的人们发展了中世纪和古典的体裁，将对话的形式用于哲学话语、政治论文、原科学短文、学术工具（如与正文对话的旁注

和脚注），覆盖了从"如何学一门语言"到"如何死亡"等
话题的实用手册，等等。即使是自己一个人读一本书也被
描述成"与已逝的人的谈话"，因为你需要用眼睛"聆听逝
者的话语"。[3]

宗教教导常常以教理问答的形式演绎："到处去问，去
寻回答"[4]。可以联想弗尔斯塔夫对"名誉"的质疑，此处
以问答的形式将其再现：

问：名誉能赋予一条腿吗？

答：不能。

问：那一条胳膊呢？

答：不能。

问：又或者，它能把伤口的疼痛取走吗？

答：不能。

问：所以名誉没有任何医术？

答：没有。

问：什么是名誉？

答：一个词。

问："名誉"这个词里包含什么呢？什么是"名
誉"？

答：空气。一个干巴巴的评价。

问：它属于谁？

答：在星期三死去的人。

问：他还能感觉到什么吗？

答：不能。

问：能听见吗？

答：不能。

问：那岂不是毫无意义？

答：没错，对死人而言。

问：但名誉难道不是与活人常在吗？

答：不是。

问：为什么？

答：因为诽谤不允许它常在。所以我才不要名誉。名誉是个标牌而已。所以我的教理问答到此为止。[5]

据伊索克拉特斯所说，我们的内在对话——我们的良心（"带着它思考"）——也是修辞性的。

> 我们在公共场所用于劝说他人的理由，也正是我们用来厘清自己思路的那些；我们把那些能在公众面前演讲的人视作雄辩者，而把那些能在他们自己头脑中机智地辩论自身问题的人视为智者。[6]

伊拉斯谟对《约翰福音》开篇语的大胆修改可以作为适用于这个时代的格言："*In principio erat sermo*"（太初有言）。在英语中，我们所熟悉的表达是"太初有道"（In the beginning was the word）（这句话被塞缪尔·贝克特［Samuel Beckett］可笑地改成"太初有双关语"［In the beginning was the pun］[7]）。自四世纪的杰罗姆（Jerome）以来，这个短语在拉丁语中被翻译成 *In principio erat verbum*——*verbum* 是希腊语中的 logos，或"道"（word）的对等词。伊拉斯谟和博克一样，都尝试社会化和普遍化 logos 这个概念，因此将它译成了 *In principio erat sermo*——*sermo* 这个词即英语 sermon（布道）的词源，但它的意义更接近于不太正式的"谈话"。

"太初有谈话"。既然这是一切的开端，伊拉斯谟主张"无可挑剔的言辞可从两处获得：与对的说话者相伴和交谈，以及不断阅读善辩者的论述"，也就不足为奇了。换句话说，与现在和过去对话。[8] 如果"我们通过他人成为自己"[9]，那么我们如何能设想出一种以谈话为重的教学法呢？

此类教学将会被"提问"充满。不是那种带有轻蔑味道的反问（我们都熟悉那些提问，对吧？）。而是，意在创造的、美好的、引发更多思考的发问。当哈姆雷特开始谈论"生存还是毁灭，这是一个问题"时，他指向教学实践中提出"是 X 或者不是 X"之辩题的寻常做法，而后从正反两面（in utramque partem）论述问题：一方面这样；另一方面那样。（甚至连"to be or not to bée"都是自十六世纪七十年代以来逻辑学教科书上的常见问题之一。[10]）

莎士比亚笔下的许多独白都是从这种非此即彼的先决

条件下产生的，目的是估量两种不同行动以进行取舍，这一点与弗朗西斯·培根的论文相仿（"结婚还是不结婚"则是另一个传统问题）。这种二重声音辩论的目的并不是模棱两可地否定真理，而是对真理进行深入的、对话式的探究："这场谈话的唯一目的是通过两方面的辩论而提出并形成某些可能是真理或者尽可能接近真理的结果。"[11]

拓宽思维，与狭隘的思维不同，需要灵活机智的头脑。你必须以同样充沛的精力和缜密的思路从（至少）两个方面来思考问题，以获得一种敏锐且抵制教条的平衡感。伊拉斯谟甚至劝学生们为他们刚刚完成的论证"改弦易辙"！——这是一种与自我的辩论。这种体系培养出约翰·斯图亚特·密尔（John Stuart Mill）所宣扬的那种符合道德且反教条的开阔心胸：

> 一个人若是只知道他自己那一方的论证，那他其实还不明白。他的论点也许听起来很好，也没有什么人能反驳他。但是，若他也不能驳倒对方的论点，若他连它们是什么都不太清楚，就缺少偏向其中任何一方的理由。[12]

从古希腊的智者到信奉佛教的比丘尼，每个人都明白教学中最好的窍门之一就是让学生就一个主张锲而不舍地争论——而后让他们从反方向进行辩论。为了成就最高难度的谈话，你被要求"立足于"你的对手的立场上。

施乐公司的研究中心是二十世纪七十年代最具创新性的场所之一（你所使用的鼠标就是托他们之福才出现的），在那里每天常规性地发生这种具有结构的辩论：

> 正式讨论［被］用于训练他们的员工，让他们懂得如何为想法而不是面子辩护。……在每一次会议之前，被选为"发牌人"的先发言。他会介绍自己的想法，而后在一屋子试图证明他错了的工程师和科学家面前尝试辩护他的想法。这些辩论帮助人们优化正被研发的产品，有时还会生出可以在未来发展的全新想法。[13]

有教养且有产出的辩论可以帮助你强调你的立足点，以及下一步该怎么走。在《亨利四世 上》里你可以看到这种立足于论点的具体表现：哈里王子导演了一出戏，弗尔斯塔夫在其中作为"我的父亲，来审问我的生活情形"。他们在彼此取笑了一番后，又换了方位，哈利命令说："你来做为是我，我扮作我的父亲。"弗尔斯塔夫同意了："我在这里站着。你们来审判我吧，诸位。"[14]

正如《维洛那二士》中的朗斯所言："咳，在下面挺立着（stand-under）和了解（understand）就是一回事呀。"（第二幕第五场第28行）。也就是说，理解从在谈话中坚持自己的立场而来，"从对方的立场来看待同样的世界，从南辕北辙而且常常针锋相对的角度看出同样的道理来"。用弗莱德里克·道格拉斯（Frederick Douglass）的话来讲："人要想理解（understand），……首先得站在下方（stand under）。"[15]

占据论点，开辟论点，抛弃论点。本着同样的精神，长今基金会（the Long Now Foundation）赞助这种要求参与者"立足下方"（under-standing）的辩论，在你表述你方立场之前，你必须先尽可能充分地表述对方的观点[16]。这种思考模式要求我们放下自我，并且具有应对不确定性、神秘性和疑惑的能力[17]。

一旦你熟悉了莎士比亚所接受的那种从多个角度思考一个问题的训练，你就可以明白这样一种思维习惯多么有益于那占据了话剧灵魂位置的你来我往的言辞交换。角色们代表了提问的人，被置于对立紧张的关系中——仿佛我们在观看一个运转中的头脑[18]。

通过提问来思考是锤炼想法的过程——不仅强化它，也使它不那么偏激。严厉的质问在我们这个被数据冲刷的时代好像能解燃眉之急。借毕加索的话说，电脑"毫无用处。它们只能给你答案"[19]。

我们通过与过去的对话和优质的教导找到更好的问题。这种教导"与其说能给出正确的答案，倒不如说是能问出对的问题"[20]。一个示范、赞赏且习惯于多方面质疑问题的教育课程正是当下所需的教育，并且现今比以往任何时候都更需要这种教育，因为被电子设备拴住的学生们并不能很好地与人在面对面的谈话中交换意见[21]。他们从很小的时候就经历了谈话能力的下降，因为电子设备让他们和其他人之间多了一个屏幕。三年级教师劳娜·哈尔（Launa Hall）对她在课堂上使用了 iPad 感到遗憾：

> 这些小朋友并不是很好的谈话者。……他们需要花时间学习沟通技巧——如何坚持自己，同时也能与他人共处。他们需要在学校里交谈、倾听，而后再讲话，不仅与同伴交流，也与能演示沟通技巧的成人交流。……从"讲台上的贤人"的教学模式一下子转变成每个学生一台屏幕，这两者之间的关键领域，也就是孩子们彼此学习且增长社交技能的机会，被完全忽略了。……力图在课堂上保留珍贵的谈话空间的教师并非懒惰，也不是惧怕改变或阻碍进步。[22]

都铎时代的课堂通过戏剧的嵌入而有了更多交流思想的机会，这包括阅读特伦斯（Terence）、普劳图斯和塞涅卡的拉丁语剧作，在假日时表演学生创作的剧目，以及发表演说。我喜爱理查德·穆尔卡斯特（Richard Mulcaster）所推崇的"大声说话练习"（Loudspeaking），通过"时而尖锐严厉，时而柔和甜美"的声音变化训练来拓展音域[23]——

这是声音的超等长训练！所以当机会到来时，你不需要看笔记就能讲，而且满怀自信。

并不是每个人都赞赏这类表演性练习的诸多优点。本·琼生的《短闻录》(*Staple of News*，1626年)中有一个角色叫做"流言·审查"(琼生给角色起名时丝毫不留情面)，他喋喋不休地说："他们把所有的学生都变成了剧场演员！……我们花钱就为这种教育吗？我们送孩子去学习语法，学习特伦斯，他们却学习他们的戏剧本子。"

这样的观点与昔日那些取笑学位证书"毫无价值"的立法者的主张不谋而合。不过审查先生在许多层面上都搞错了——首先，被当成标准拉丁语代表的特伦斯本来就是个剧作家。另外，与角色塑造练习的目的相仿，戏剧的目标是通过共情性的代入(sympathetic projection)进入其他主体的立场，"好像他们自己成了在对话中发言的那些人，故而在每次讲话时都要想象他们有充分的理由说出那些话"[24]。

这种代入感在伊拉斯谟、利普修斯(Lipsius)等人推广的书信撰写训练中显得更为精细。学生们需要将他们自己置于根本没有经历过的谈话中：一封哀悼信，一封请求保护的信，一封给远方朋友的信，一封写给一位死去的作家或是一个虚构角色的信，等等。的确，许多关于写信的教训仍然可以用于今日的电邮书写中：

1. 行文宜简短，语言简单易懂；

2. 用说话的语气写信；

3. 不要畏惧用卑微恭敬的态度；

4. 自然流畅，不拘一格；

5. 如实表达；

6. 迅速回复，但要留心；

7. 情感勒索可能对你父母管用；

8. 比你的本意更加客气；

9. 别忘了使用回形针；

10. 年轻人总是应受所有责备；

附：要是以上都不管用，就寄条鱼给他吧。[25]

虽然这是预备在办公室任职的正式训练，但是这样的书信写作练习已经远超它们在简单培训中的"实用目的"（utility）。将你自己置于还未经历过的未来情景中——这样的情景也许永远都不会被经历——它不仅要求，而且能培养头脑的规训。为了做到这件事，写作者需要有丰富且世故的语汇。他们接受的教育强迫他们扩大而非缩小适用的词汇（回到"*copia*"这个概念——伊拉斯谟变着花样表述"您的信令我心情大悦"这句彻头彻尾的套话并非偶然）。这让他们注意到并表达出不同程度的含义，并根据场合及受众调整用词。很难过分强调这些训练是多么有用，多么关键：未来是不可知的，但个人及社会总要面对许多复杂问题。莎士比亚式的语言艺术教育有着童子军训练的功效：
"时刻准备着"。它的优势在于能锻炼、伸缩及拓展人类最
具特色的工具：头脑。

注释

1 《文学形式哲理》（*The Philosophy of Literary Form*），路易斯
安那州立大学出版社（Louisiana State University Press），1941
年，第110–111页。对博克那瞬息万变的头脑的最好介绍仍
然是收录于这一卷书中的《作为生存装备的文学》（Literature
as Equipment for Living，第293–304页）。我编辑出版了《肯
尼斯·博克论莎士比亚》（*Kenneth Burke on Shakespeare*），客
厅出版社（Parlor Press），2007年。

2 米歇尔·德·蒙田（Michel de Montaigne），《论孩童的教
育》（Of the Education of Children），《蒙田散文选集：双语
版》（*Essays and Selected Writings: A Bilingual Edition*），唐纳
德·M. 弗雷姆（Donald M. Frame）译，哥伦比亚大学出版社
（Columbia University Press），1963年，第41页。

3 弗朗西斯科·德·科维多（Francisco de Quevedo），第131首
诗，乔治·马里斯卡尔（George Mariscal）译，《矛盾的主
体》（*Contradictory Subjects*），康奈尔大学出版社（Cornell
University Press），1991年，第69页。

4 《奥赛罗》（第三幕第四场第14–15行）。

5 《亨利四世 上》（第五幕第一场第130–139行）。

6 《尼克克里斯或塞浦路斯人》（Nicocles or the Cyprians）第

5-8 行，引自塞莱斯特·米歇尔·康迪特（Celeste Michelle Condit）与约翰·路易斯·陆凯特斯（John Louis Lucaites），《塑造平等》（*Crafting Equality*），芝加哥大学出版社（University of Chicago Press），1993 年，第 xi 页。

7 《墨菲》（*Murphy*），树丛出版社（Grove Press），1952 年，第 65 页。

8 《论学习的原因》（De rationi studii），引自《书信写作原则：尤斯图斯·利普修斯书信双语对照文本》（*Principles of Letter-Writing: A Bilingual Text of Justi Lipsii Epistolica*），R.V. 杨（R. V. Young）与 M. 托马斯·海斯特（M. Thomas Hester）译，南伊利诺伊大学出版社（Southern Illinois University Press），1996 年，第 61 页。

9 L. S. 维果茨基（L. S. Vygotsky），《L. S. 维果茨基作品全集》（*The Collected Works of L. S. Vygotsky*，1931），第四卷，全会出版社（Plenum Press），1997 年，第 105 页。

10 《哈姆雷特》（第三幕第一场第 55 行）。引自彼得·斯塔里布拉斯（Peter Stallybrass）的《与思考相对》（Against Thinking），*PMLA*，第 122 卷，第 5 期（2007 年 10 月），第 1580-1587 页。

11 西塞罗（Cicero），《论神性与学院论》（*De natura deourum & academica*），H. 莱克海姆（H. Rackham）译，哈佛大学出版社（Harvard University Press），1933 年，第 475 页。

12 《论自由》（*On Liberty*），朗曼与格林出版社（Longmans, Green, and Co.），1867 年，第 21 页。

13 大卫·勃库斯（David Burkus）在《创造的神话》（*The Myths of Creativity*）中的叙述，乔希－巴斯出版社（Jossey-Bass），2013 年，第 154 页。

14 《亨利四世 上》（第二幕第四场第 342-343、393-394、399

行）。

15 汉娜·阿伦特（Hannah Arendt），《过去与未来之间》（*Between Past and Future*，1961），企鹅出版社（Penguin），2006 年，第 51 页。《自传》（*Autobiographies*），亨利·路易斯·盖茨（Henry Louis Gates, Jr.）编，美国文库出版社（Library of America），1994 年，第 310 页。

16 这个表达出自查娜·麦辛哲（Chana Messinger），引自阿兰·雅各布斯（Alan Jocobs）可作为导读的《如何思考》（*How to Think*），流通出版社（Currency），2017 年，第 108 页。

17 约翰·济慈（John Keats），写给乔治·济慈和汤姆·济慈的信，1817 年 12 月 21 日，《约翰·济慈书信 1814—1821》（*The Letters of John Keats, 1814—1821*），海德·爱德华·罗林斯（Hyder Edward Rollins）编，哈佛大学出版社（Harvard University Press），1958 年，第一册，第 136 页。

18 詹姆斯·隆恩巴赫（James Longenbach），《莎士比亚思考的声音》（The Sound of Shakespeare Thinking），《牛津莎士比亚诗歌手册》（*The Oxford Handbook of Shakespeare's Poetry*），乔纳森·波斯特（Jonathan Post）编，牛津大学出版社（Oxford University Press），2013 年，第 76 页。

19 威廉·费费尔德（William Fifield），《巴勃罗·毕加索：综合采访》（Pablo Picasso: A Composite Interview），《巴黎评论》（*Paris Review*）第 32 期（1964 年夏秋），第 62 页。

20 约瑟夫·阿尔伯斯（Joseph Albers），《颜色的互动》（*Interaction of Color*，1963），耶鲁大学出版社（Yale University Press），2006 年，第 70 页。

21 夏利·图尔克勒（Sherry Turkle），《夺回对话》（*Reclaiming Conversation*），企鹅出版社（Penguin），2015 年，第 171 页。

22 《我把 iPad 给了学生们——然后我希望把它们要回来》（I

Gave My Students iPads—Then Wished I Could Take Them Back)，《华盛顿邮报》(*Washington Post*)，2015 年 12 月 2 日。

23　约翰·布林斯利 (John Brinsley)，《位置》(*Positions*, 1581)，引自贝尔特拉姆·里昂·约瑟夫 (Bertram Leon Joseph)，《表演莎士比亚》(*Acting Shakespeare*，1960)，劳特利奇出版社 (Routledge)，2014 年，第 10 页。

24　布林斯利 (Brinsley)，《Ludus Literarius，或，文法学校》(*Ludus Literarius or, The Grammar School*, 1612)，引自罗伊斯·波特 (Lois Potter)，《威廉·莎士比亚生平》(*The Life of William Shakespeare*)，威利·布莱克维尔出版社 (Wiley-Blackwell)，2012 年，第 34 页。

25　西蒙·加菲德 (Simon Garfield)，《10 条能用于电邮的老式写信技巧》(10 Old Letter-Writing Tips that Work for Emails)，2013 年 10 月 28 日：http://www.bbc.co.uk/news/magazine-24609533。

十一、储备

> 我从每本读过的书里偷了一些想法。
>
> 我为写小说定下的原则是"如蝴蝶般阅读，如蜜蜂般写作"，若这个故事里有任何的甜蜜，那完全得益于我从更棒作家的作品中收集来的琼浆。
>
> ——菲利普·普尔曼（Philip Pullman），《琥珀望远镜》（*The Amber Spyglass*, 2001）致谢

诺贝尔奖得主约瑟夫·布罗茨基（Joseph Brodsky）曾教过一首奥西普·曼德尔施塔姆（Osip Mandelstam）写的诗。后者是布罗茨基的偶像，死于斯大林的劳改营中。曼德尔施塔姆在诗中暗指奥维德（Ovid）。当布罗茨基问他的美国学生有多少位知道奥维德时，没有一个人回答。他震惊地回应道："你们都被人骗了。"[1]

布罗茨基没有因阅读书目中的空白责备他的学生。任何一个生而有涯的人都不可能读完所有的书。布罗茨基认为，罪责在别人——有人骗走了本属于学生的文化遗产——那正是他自己所属的一代人。

在学生进入高等研学之前，教师为他们选择应当知道的内容。这就是教书的本质。但我们中的许多人都开始回避任何近似于共有知识储备的观念，因为他们认为要求学生读特定书目就是"制造特权"。

没错，的确如此——就像化学家有让学生们熟习元素周期表的特权，法学院教授期望未来的律师知道宪法的内容。医学院刚建成的时候，未来的宇航员麦·C. 杰米森（Mae C. Jemison）很讨厌那些她必须记忆的无休无尽的事实。但是她很快释然了，因为她意识到"你希望你的医生对这些事实烂熟于心！你可不希望他们走入急诊室的时候，在流着血的病人旁边查阅资料！"[2]。

再用布罗茨基的话说："有比焚书更重的罪过——其中之一就是不去读它们。"[3]

"你们都被骗了"——厄尔·肖利斯（Earl Shorris）在介绍他如何为贫困学生设计程序时说了一模一样的话："你们都被骗了。有钱人学习人文学科，你们没学过。……人文学科是获得政治视野的途径之一。"[4]

布罗茨基教的学生是有特权的（富有的）学生，但他们却没有学习奥维德的特权（没人为他们选择奥维德的作品）。对于一个在压迫性的政体中经历了教育剥削的人而言*，这是不可理解的。这当然不是说任何文化遗产是静止或一成不变的。是进行中的辩论使每个传统富有生机，而关于传统到底包含什么，在世世代代的交替中并没有过统一的观点。

但它是真实的，而且存留下来，超越个体。薇拉·凯瑟（Willa Cather）的《死亡拜访大主教》中的一个角色注意到："这样一种汤不是一个人的杰作。它来自一个不断被优化的传统。这碗汤中有将近一千年的历史。"[5]

现代性中，无论好坏，包含了暴力瓦解传统的倾向，让所有一成不变的都消散在空气中。或者，用亨利·福特（Henry Ford）那顽固老派的美国话说："我们不想要传统。我们要活在当下，唯有我们今天创造的历史才有几分价值。"[6]

在某种程度上来讲，这样的观点令人觉得自由：我们成了自己人生的主宰，不用被先人走过的路束缚。但是传统的崩塌也让我们在一个缺乏语境的世界中无处安身。在这个世界里，个人主义通过"自由地选择那一成不变之物"[7]表达自我。

很久以来，人们一直认为"共有储备"（common stock）的意义是一种共同体财富：一种你可以从其中获取什么的

---

* 这里说的是约瑟夫·布罗茨基本人——他成长于苏联的一个犹太知识分子家庭，15 岁时辍学，32 岁时被剥夺苏联国籍，驱逐出境，并移居美国。

财富。储备也是你可以为之做贡献的一种财富：

> 我们当中的每一个人作为个体都能向共有储备贡
> 献出他的财产、他本人和他的生命。
> ——让－雅克·卢梭（Jean-Jacques Rousseau），
> 《爱弥儿》（1762）
> 我认为每个人都应当向共有储备做出贡献，并且
> 在获取真理这件事上没有任何疑虑或是拘谨。
> ——约翰·洛克（John Locke）致威廉·莫利纽
> （William Molyneux）（1692）
> 他们会看到他们拥有什么、可能对什么提问，以
> 及他们能向共有储备增添或是奉献什么。
> ——弗朗西斯·培根，《伟大的重建》（1620）
> 我们也从自己的贮存里拿出一些东西奉献给了共
> 有储备。
> ——西塞罗，《论创作》（约公元前 84 年）[8]

"储备"衍生自"库存"以及"物品"的物质意义（例
如"牲畜"［livestock］甚至"字库"［wordstock］），并在
隐喻意义上发展成了社会共同享有的一种概念或者知识的
贮藏实体。无论是布罗茨基还是曼德尔施塔姆，或是莎士
比亚，或者你本人，都可以从这个不断变化却十分真实的
知识库中各取所需，将奥维德（或者其他作家的作品）变换

成引述、回响、修改，"为人类"增添"新的知识库存"。[9]莎士比亚的同行甚至在赞美他的时候提到了他的"奥维德库存"："奥维德那甜美机智的灵魂就住在柔美流畅、口齿伶俐的莎士比亚里。"[10]

我的论点不是让你读奥维德。（不过，你要是不读就是在欺骗你自己——那是多好的东西！）我的论点是，我们不应当遗弃任何共有储备。

有的学者嘲笑被他们戏称为"银行观念"的教育，即教师强制学生被动且盲目地储蓄知识，后者"被异化了，仿佛奴隶一样"[11]。这种看法中有太多混淆的概念。首先，即使真正的银行也不可能只有"储蓄"功能，因为银行需要资金流动。况且，教育什么时候有过如此单一的方向？若是基于这站不住脚的假设矫枉过正，就会把储备连同洗澡水一起泼出去。真正的教育总是在知识的获取与应用间变换，既有存储，也有训练。

储备的秘密在于它让你有基础创造别的东西。无论是凯瑟的浓汤还是更广义的文化杂烩都符合这条规律。"知识很重要。"它给人提供了进一步研习的基本构架。在最极端的情况下，若是你不懂一门语言中的任何词，就算手头有本词典也无济于事，因为每一条词义解释都把你带向更多陌生的字眼。阅读理解成功的最佳预测指标就是……词汇量。[12]

若是没有知识的储备，人对着更多的知识就会束手无策（更不用说收集和增进知识了）。这叫做"马太效应"：凡有的还会得到更多，那些没有的就得到更少。这是一条不合情理的规律。若是没有一个结构完善、层次分明的课程大纲，贫困学生和富裕学生之间的词汇量差距不仅会长期存在，还会不断扩大。人们对知识储备那种颇有原则但却大错特错的嫌恶，反而加深了社会经济层面的不平等，"忽略储备的恶果需要由我们自己承担"[13]。

"传统"这个词衍生自拉丁语的 *traditio*——原指为了完好保存而亲手传授给你的东西。我们质疑传统的动机部分令人敬佩：我们不希望别人告诉我们该如何做，我们希望自作主张。我们拒斥盲目坚持传统的做法，正如我们拒斥（我希望如此，但最近我变得不太确定）伴随着集权主义而生的盲目服从。然而，教育权威（包括传统的储备）与政治集权主义有本质区别。混淆两者对谁也没有好处。

伊拉斯谟知道必须培养广泛阅读的教师，而后他们才能为其学生选择最好的知识储备：

> 至于材料的选择，孩子们应当从一开始就只接触到现有最好的那些。这就意味着教师要有能力在茫茫的学识海洋中辨认出最好的那些，所以他读过的作品应当远远超出他所教的范畴。这也同样适用于初学者的导师。……这样的方法只能被那些具有过人能力和远见卓识的教师使用。惟用心博览群书方能使人拥有

适宜不同情景的语录储备。[14]

或者，借用甘地的话说："我愿在我的房子里，各方各地的文化尽可能地自由流转。"[15]

因为阅读广泛的教师了解链接过去和未来的方法，所以他们也能帮助学生明白当下应做之事：

> 你越是栖身于过去和未来，你的带宽越会增加，你的外显个性（persona）也越加可靠。但你对当下的感觉越是狭隘，你就越脆弱。[16]

广泛的阅读可以培养教师的辨识力，使他们可以在"茫茫的学识海洋中"[17]为学生择取最好的那些。虽然我们永远都需要为了什么是"最好的"争辩，但现代人似乎把有见地的"辨识"（judgment）与颇受诟病的冲动"判断"（judgmental）混为一谈了——正如我们将实用性"法则"（regimen）与压迫性的"政体"（regime）混为一谈，或是把"保存"（conserving）妖魔化为"保守"（conservative）。（若必须用一个词来形容，我宁愿把此类教育方法描述为"保留谈话的"［conversative］，即坚持用谈话的方法。）

从昆体良到索尔兹伯里的约翰（John of Salisbury）[*]，再到弥尔顿，这些思想者都赞同一个观点，即过去有值得模仿的典范，"就像一个木工学徒研习大师的作品"[18]，虽然他们对这些典范究竟包括什么没有达成一致。他们的教育系统的出发点是渴望把事情做得更好。梭罗表达了这种渴望的紧迫性："先从最好的书读起，否则你可能根本就没有机会读它们了。"[19]

今日的学校越来越倾向于给学生布置当代非虚构作品选篇作为阅读作业，模糊地希望学生通过大量接触此类"信息性文本"，成为更好的读者。（揭秘：此乃无稽之谈。）连记者们都不建议把他们写的文章用于此类目的！当《时代》专栏作家约尔·斯坦（Joel Stein）收到学生们的邮件说他的文章成了他们的阅读作业时，他恳求他们

> 马上转到别的高中！那里教的应该是莎士比亚和荷马史诗，而不是一流的、帅到不拘一格的现代才子那颇具洞见的评论文章！[20]

西蒙·巴恩斯（Simon Barnes）面对雄心勃勃的体育记者的询问，给出了相似的回答："你可以花上三年的时间阅

---

[*] 索尔兹伯里的约翰是十二世纪生于英国的哲学家。他用拉丁语介绍了亚里士多德的工具论，并著有《论三艺》（*Metalogicon*）和《论政府原理》（*Policraticus*）等哲学著作。

读莎士比亚和乔伊斯，或者花三年的时间读我的文章。你自己琢磨吧。"[21]

"清点存货"（take stock）在现代的相似物可能是一篇博客文、一个轻博客账号、一个广告公司的"创意图库"，或碧昂斯（Beyoncé）的"回忆银行"[22]。储备让我们能够"创作"（inventio），从这个拉丁语词不仅衍生出"invention"（发明），也衍生了"inventory"（存货清单）。发明家的卡通形象总是一个脑袋上顶着闪烁的电灯泡的孤独天才。不过，基思·理查兹（Keith Richards）*在他的自传中承认，"没有什么能自己发生"。他赞同玛丽·沃斯通克拉夫特·雪莱（Mary Wollstonecraft Shelley）在《弗兰肯斯坦》第二版的前言中说的："必须谦虚地承认，创作绝不是凭空创造。"

或者，他的灵感来自让－奥古斯特－多米尼克·安格尔（Jean-Auguste-Dominique Ingres）让画家们在前辈的灵感之上继续创作的指令："空无一物，什么也画不出。"为了保证公平，我也应该引用更早的约书亚·雷诺兹爵士（Sir Joshua Reynolds）所提出的："创作，严格地说，不过是对记忆中已经收集和储存的图像的重组；没有什么来自空空的头脑。"[23]

---

　　*　基思·理查兹（Keith Richards）是滚石乐队的创始人之一。他本人是吉他手、作曲家、歌手和演员。他被认为是现代流行文化的标志性人物之一。

咳，准确来讲，雷诺兹引用了李尔王的话："无中不能生有。"（第一幕第四场第 121 行）等等，那是李尔王在引述比他更早的一句话："你不说我便不给。"（第一幕第一场第 88 行）

这句话暗指十六世纪的杂录集中常出现的拉丁语格言："从虚空中什么也变不出来"（*ex nihilo nihil fit*）。这句话来自卢克莱修（Lucretius）的著作《论物之本》。后者从亚里士多德的《物理学》借来此句，而亚氏则是参考了柏拉图的《智者论》。柏拉图熟读巴门尼德（Parmenides）的《论自然》。……你知道我想说什么！我们都站在巨人的肩膀上。[24]

当修辞学家们谈论 *inventio* 的时候，他们指的是组织论点的第一步：为你头脑中的知识储备列一个清单——那些你只能通过缓慢且用心的研读聚集的思想宝库和阅读数据源。你不能不了解传统（存留的理想型）就想改变它（创新的理想型）。在着手创作之前，必须先清算库存。莎士比亚所受的教育为他提供了一个语汇、概念、名称和情节的库，使他一生都可以对它们进行再创作。他有"讲述故事的天赋（前提是别人已经给他讲过一遍了）"[25]。

沉浸于久远且难懂的作品能够拓展你的思想和世界，且为你一生提供广泛探求的动力。一个有足够存储的头脑使你在灵光乍现时有所准备："你必须把发明所需的每种材料都装进头脑中。最好的地质学家是看过最多块石头的那一位。"[26]

不过，这一切如何能组合到一起呢？这些素材如何在你的头脑中运作，而后以某种方式……变得清晰起来？[27]

有许多人试图描述收集的碎片如何变成经过组装整合的全新整体——从那隐而未现的状态不知不觉地过渡到惊喜的发现时刻，当你"重新制作……手头上已有的材料，让别的残骸也能……被装入肢体当中"[28]。格雷厄姆·沃勒斯（Graham Wallas）是伦敦政治经济学院的创始人之一。他在描述创造性过程的不同阶段时，引用了特修斯公爵（Duke Theseus）论述想象力的著名演讲：

"不曾发现的东西"和"虚无缥缈的东西"指的是最初显现的征兆（intimation）；而"具体的住址与姓名"说的是对想法越来越清晰的言辞表述……。莎士比亚是一位比他的许多仰慕者所认为的更加清醒的艺术家。[29]

简而言之：你把两种从未被放在一起的物体组合在一起时，世界就变了[30]。

你可以把这样的组合过程想成一种化学合成、细木工的艺术手法（指木工拼接不同部分的技巧），甚至是布片拼接，即把用过的材料碎片用针线缝在一起。[31] 在莎士比亚生活的世界中，最常用于创造性组合的类比是园林艺术，即经由人的双手成形的自然与人工的交界。修辞学手册取名为《雄辩术的花园》，诗歌选集则被称为诗句"花朵"的"集锦"。约翰·弗洛里奥（John Florio）翻译的蒙田散文对读者坦承，最优秀的作品"不过是在别人丰收后捡拾零落的麦穗"[32]。早期的女权主义倡导者巴斯舒雅·马金（Bathsua Makin）甚至主张"正如园中的植物胜过野生的草木……，我们通过接受人文教育也变得更好"[33]。

"嫁接"凸显了树枝和树干具有繁殖力的结合，"他们结合后成为新的树基"[34]。"树基"就是过去的文本和做法的现有档案馆，不仅不会威胁到当下，而且是一片丰饶的"土地，/其中有各色树种与植物"[35]。用伊丽莎白一世的话说，当我们阅读的时候，我们

> 修修剪剪，使句子中那鲜活的绿叶蓬勃生长；阅读它们，仿佛将其吃下；沉思，仿佛咀嚼；而后将它们收集起来，精心布置在记忆的高台上。[36]

修剪、摄取、消化以及收集的乐趣，与今日学生口中的比喻形成了鲜明对比：现在的学生不无厌恶地说，学校强迫他们"反刍"他们已经吃进去的东西；这最多只能算是贪食症一般的阅读。有一位教师如此悲叹："我们喂给他们知识，他们却将知识吐出来，要是看起来跟他们吞下去的相差不远，他们就能得到成绩。"[37]蒙田也把不完全的教

育比喻成呕吐，因为我们"吐出吃下去的东西，它们看起来并无改变"[38]。

相反，有产出的消化过程看起来应该更像"蜜蜂飞遍园中角落"[39]，从许多花中收集花粉，再酿成蜂蜜。

> 蜜蜂从这朵花儿到那朵花儿偷取花粉，但之后就把小偷小摸来的变成了属于自己的蜂蜜。……所以小学生会变换并混合他从别人那里借来的段落，而后把它们变成完全属于他自己的东西。[40]

你成了你所读过的。或者，借用海伦·凯勒被控诉剽窃他人作品时的回答："确实，我并非总是能分辨自己的和他人的思想，因为我读过的一切都成了我头脑中的实质和文理。"[41]

蜂蜜的比喻纠正了我们幼稚的想法，即创作总是包含无中生有的过程。你需要储藏。约翰·柯尔特莱恩（John Coltrane）赞同说："你需要回头看看旧东西，在崭新的光照下面审视它们。"[42] 只要听他如何将实验爵士乐、南亚旋律调式、俄罗斯音乐理论，以及"绿袖子"民谣（这个调子已经被莎士比亚演绎过！）[43] 融合在一曲中，你就会听出潜心研习过去不会限制创作，反而萌发了新的事物。即兴创作能为共有储备做贡献。

为什么要发展出种类如此繁多和丰富的知识储备？根

据约翰·洛克的说法，储备让我们有思考的自由，就像头脑的力量和活动增加一般[44]。美国对人文教育历史的特殊贡献，就是在最根本的美国原则之上部署教育：所有人都有追求幸福的权利。"要了解，"用马修·阿诺德（Matthew Arnold）那受到不公正诽谤的话来说，"世界上被想过和说过的最优之物"对人们那自由的追求有益处。有人嘲笑这观点，认为它是精英主义，或者过于老套，但它的确不是。阿诺德在完整说明他的观点时用的字句鲜被引用，但是它清楚明白地论证了上述观点："这样的知识，在我们储备的观念和习惯之上开启了新鲜自由的思想阀门。"[45]

沉浸于过去的历史能强化公民清醒地思考当下的能力，并为未来做更好的储备。

~~ 注释 ~~

1 彼得·斯克托（Peter Scotto），《漫画与诗人；学生，被骗了》（Comics and the Bard; Students, Cheated），《纽约时报》（*New York Times*），1998 年 4 月 1 日。

2 加利福尼亚州英联邦俱乐部（Commonwealth Club of California）（2016 年 12 月 13 日）。

3 《新桂冠诗人记者见面会》（New Poet Laureate Meets the Press），《国会图书馆信息公告》（*Library of Congress Information Bulletin*），1991 年 6 月 17 日，第 225 页。

4 《自由的艺术》（*The Art of Freedom*），诺顿出版社（Norton），

2013 年，第 23 页。

5 《死亡拜访大主教》（*Death Comes for the Archbishop*，1927），
克诺夫出版社（Knopf），1962 年，第 39 页。

6 查尔斯·N. 威尔勒（Charles N. Wheeler）的采访，《芝加哥护
民官》（*Chicago Tribune*），1916 年 5 月 25 日。

7 西奥多·W. 阿多诺（Theodor W. Adorno）与麦克斯·霍
克海默（Max Horkheimer），《启蒙的辩证》（*Dialectic of
Enlightenment*, 1947），约翰·卡明（John Cumming）译，反
面出版社（Verso），1997 年，第 167 页。

8 《爱弥儿，或论教育》（*Emile, or Education*），J. M. 登特与子
出版社（J. M. Dent & Sons），1966 年，第 424 页；《洛克与数
位朋友的亲密书信》（*Some Familiar Letters between Mr Locke
and Several of His Friends*），1737 年，第 11 页；《伟大的重
建》（*The Great Renewal*）前言，《弗朗西斯·培根：新工具
论》（*Francis Bacon: The New Organon*），丽莎·雅尔丹（Lisa
Jardine）与迈克尔·希尔弗索恩（Michael Silverthorne）编，
剑桥大学出版社（Cambridge University Press），2000 年，第
11 页；《反对马克·安东尼乌斯的十四篇演讲》（*The Fourteen
Orations against Marcus Antonius*），C. D. 杨戈（C. D. Yonge）
译，乔治·贝尔与子出版社（George Bell & Sons），1890 年，
第 310 页。

9 拉尔夫·华尔多·爱默生（Ralph Waldo Emerson），《成功》
（Success），《拉尔夫·华尔多·爱默生作品全集》（*The Works
of Ralph Waldo Emerson*），第七卷，《社会与孤独》（*Society
and Solitude*），火炉旁出版社（Fireside edition），1909 年，第
308 页。

10 弗朗西斯·米尔斯（Frances Meres），《帕拉斯的女管家——妙
语宝鉴》（*Palladis Tamia, Wits Treasury*），1598 年。

11 保罗·弗莱雷（Paolo Freire），《被压迫者教育学》（*Pedagogy of the Oppressed*，1973），延续出版社（Continuum），1993 年，第 53 页。

12 参见蒂莫西·拉欣斯基（Timothy Rasinski），南希·派戴克（Nancy Padak）与乔安娜·牛顿（Joanna Newton），《理解的根源》（The Roots of Comprehension）：http://www.ascd.org/publications/educational-leadership/feb17/vol74/num05/The-Roots-of-Comprehension.aspx。

13 罗宾·斯洛恩（Robin Sloan）此处说的是现今世界在"储存"（静态价值）与"流通"（变化率）之间失衡的现象：http://snarkmarket.com/2010/4890。他的观点对于那些被结构性排除在"储存"以外的人而言更是切肤之痛。

14 《德西德里乌斯·伊拉斯谟论教育的目的与方法》（*Desiderius Erasmus, Concerning the Aim and Method of Education*），威廉·哈里森·伍德沃德（William Harrison Woodward）译，剑桥大学出版社（Cambridge University Press），1904 年，第 166 页、第 174 页。

15 《人人皆兄弟：自传体反思》（*All Men Are Brothers: Autobiographical Reflections*），克里希纳·科里帕拉尼（Krishna Kripalani）编，1921 年，新生活出版社（Navajivan），1995 年，第 142 页。

16 托马斯·品钦（Thomas Pynchon），《万有引力之虹》（*Gravity's Rainbow*），1973 年，引自阿兰·雅各布斯（Alan Jacobs），《想要在我们的高速社会中生存，就得培养"临时带宽"》（To Survive Our High-Speed Society, Cultivate 'Temporal Bandwidth'），《卫报》（*Guardian*），2018 年 6 月 16 日。

17 还是引自伊拉斯谟：第 166 页。

18 威廉·福克纳（William Faulkner），密西西比大学的教室通告，

1947 年，引自詹姆斯·B. 玛利维瑟（James B. Meriwether）与迈克尔·米尔加特（Michael Millgate），《花园中的狮子》（*Lion in the Garden*），兰登书屋（Random House），1968 年，第 55 页。

19 《亨利·大卫·梭罗作品集 1：在协和庄园与梅里马克河的一周》（*The Writings of Henry David Thoreau 1. A Week on the Concord and Merrimack Rivers*，1849），霍弗顿·米夫林出版公司（Houghton Mifflin and Company），1906 年，第 98 页。

20 《我如何取代了莎士比亚》（How I Replaced Shakespeare），《时代》（*Time*），2012 年 12 月 10 日：http://content.time.com/time/subscriber/article/0,33009,2130408-1,00.html。

21 《教育应当使你变得丰富，而非有钱》（Education Is Supposed to Make You Rich, Not Wealthy），《泰晤士报》（*The Times*），2007 年 7 月 16 日。

22 永·尤晒（Jon Youshaei），《碧昂斯与莎士比亚的共同点》（What Beyoncé & Shakespeare Have in Common, 2016）：http://www.everyvowel.com/beyonce-shakespeare-key-to-creativity-success-lemonade。

23 理查兹（Richards），《生平》（*Life*），里特尔、布朗出版社（Little, Brown），2010 年，第 66 页；雪莱（Shelley），《弗兰肯斯坦》（*Frankenstein, or the Modern Prometheus*，1831），华兹华斯出版社（Wordsworth Editions），1993 年，第 3 页；博雅·达金（Boyer d'Agen）编，《安格尔，未编辑的书信》（*Ingres, d'après une correspondance inédite*），达拉贡出版社（Daragon），1909 年，第 91 页；雷诺兹（Reynolds），《给皇家学院学生讲的精致艺术课》（*Discourse on the Fine Arts Delivered to the Students of the Royal Academy*，1769），威廉与罗伯特·钱伯斯出版社（William and Robert Chambers），

1853 年，第 7 页。

24 即使是艾萨克·牛顿（Isaac Newton）的名言"站在巨人的肩膀上"也是站在前人名言的肩膀上，罗伯特·默顿（Robert Merton）机智地追溯了这段堂吉诃德式的历史，见《站在巨人的肩膀上：后意大利式版本》(*On the Shoulders of Giants: The Post-Italianate Edition*)，芝加哥大学出版社（University of Chicago Press），1993 年。

25 萧伯纳（George Bernard Shaw），《怪罪诗人》(Blaming the Bard, 1896 年 9 月)，《关于话剧的意见与论文及一封致歉信》(*Dramatic Opinions and Essays with an Apology*)，詹姆斯·汉纳可（James Huneker）编，第二卷，布伦塔诺出版社（Brentano's），1922 年，第 51–59 页。

26 戈登·古尔德（Gordon Gould），激光的发明者，引自史蒂文·J. 帕雷（Steven J. Paley），《发明的艺术》(*The Art of Invention*)，普罗米修斯图书公司（Prometheus Books），2010 年，第 55 页；赫伯特·哈罗德·里德（Herbert Harold Read），《花岗岩的争论》(*The Granite Controversy*)，莫比出版社（Murby），1957 年，第 430 页。

27 乔治·R. R. 马丁（George R. R. Martin），被米卡尔·吉尔摩尔（Mikal Gilmore）采访时讨论他如何从莎士比亚作品中盗取剧情，《滚石》(*Rolling Stone*)，2014 年 4 月 23 日。

28 华尔特·帕特（Walter Pater）有关莎士比亚的创造性过程的描述，引自《华尔特·帕特作品集》(*The Works of Walter Pater*)，第五卷，《赞扬，包括一篇关于风格的论述》(*Appreciations, with an Essay on Style*)，麦克米伦出版社（Macmillan），1902 年，第 182 页。

29 《仲夏夜之梦》(第五幕第一场第 1–22 行)。《思考的艺术》(*The Art of Thought*，1926)，索利斯出版社（Solis Press），

2014 年，第 52 页。

30　朱利安·巴尔讷斯（Julian Barnes），《生命的层级》（*Levels of Life*），古典出版社（Vintage），2014 年，第 3 页。

31　见蒂凡尼·斯特恩（Tiffany Stern），"引子：粘贴剧本的剧作家"（Introduction: Playwrights as Play-Patchers），《早期现代英国的演出记录》（*Documents of Performance in Early Modern England*），剑桥大学出版社（Cambridge University Press），2009 年，第 1–7 页。

32　《致礼貌的读者》（To the Courteous Reader, 1603），《莎士比亚的蒙田》（*Shakespeare's Montaigne*），斯蒂芬·格林布拉特（Stephen Greenblatt）与彼得·G. 普拉特（Peter G. Platt）编，纽约评论图书公司（New York Review Books），2014 年，第 6 页。

33　《关于复兴古时优雅女性教育的论文》（An Essay to Revive the Antient Education of Gentlewomen, 1673），《巴斯舒雅·马金，有教养的女子》（*Bathsua Makin, Woman of Learning*），弗朗西斯·提格（Frances Teague）编，巴克奈尔大学出版社（Bucknell University Press），1998 年，第 113 页。

34　约翰·马普莱特（John Maplet），《绿色森林》（*A Greene Forest*），1567 年，第 28 页。

35　威廉·巴斯（William Basse），《记忆及说话的帮助》（*A Helpe to Memory and Discourse*），1620 年。

36　博德利图书馆藏手稿 E Museo 242，引自《伊丽莎白一世：翻译作品 1544—1589》（*Elizabeth I: Translations, 1544–1589*），亚奈尔·慕埃勒（Janel Mueller）与约书亚·斯克戴尔（Joshua Scodel）编，芝加哥大学出版社（University of Chicago Press），2009 年，第 404 页。伊丽莎白正巧从一篇被认为是奥古斯丁所作的论文中摘抄了这句话——这又是在摘录了！

37 大卫·芬克勒（David Finkle），《教育模型：作为融合的教育》（Models for Education: Education as Synthesis），未发表的论文，2017 年 5 月。

38 《论孩童的教育》（On the Education of Children），查尔斯·科顿（Charles Cotton）译，双日出版社（Doubleday），1947 年，第 145 页。

39 莱斯·穆雷（Les Murray），《养育家庭》（Nursing Home），《趴下更高》（Taller When Prone），布莱克出版社（Black），2010 年，第 24 页。关于蜜蜂的诗选参见：https://didostears.wordpress.com/351-2/。

40 蒙田，《论文集》（Essays），J. M. 柯恩（J. M. Cohen）译，哈蒙兹华斯出版社（Harmondsworth），1958 年，第 56 页。

41 《我的人生故事》（The Story of My Life），霍弗顿·米夫林出版公司（Houghton Mifflin and Company），1904 年，第 70 页。

42 《柯尔特莱恩讲柯尔特莱恩》（Coltrane on Coltrane），《打下去》（Downbeat），1960 年 9 月 29 日，第 26-27 页。

43 《快乐的温莎巧妇》（第二幕第一场第 56 行，第五幕第五场第 17 行）。

44 《论理解行为》（On the Conduct of the Understanding），1706 年。

45 《文化与无政府》（Culture and Anarchy），史密斯与埃尔德图书公司（Smith, Elder, and Co.），1869 年，第 viii 页。

十二、约束

艺术的敌人就是界限的缺席。

——奥尔森·威尔斯（Orson Welles）

每个人、每一代人都应避免面对逐渐老化的狭隘观念。这些观念已经失去了它们原有的生命力，变得僵滞。一切公共宣言，无论是政治性的还是审美的，都来自这样的假设。

但若是因此得出结论，认为界限的解药就是毫无界限，那就太幼稚了。马洛笔下的浮士德与弥尔顿笔下的撒旦都有这种孩子般想要消灭一切限制的倾向。但是，毫无界限因其松松垮垮而成了它自己的诅咒。"地狱没有任何界限。"靡菲斯特* 如此警告道。正如温德尔·贝利（Wendell Berry）的责备之辞：

---

* 靡菲斯特是马洛剧《浮士德》中魔鬼的信使。

> 我们总混淆界限与约束。……［但是］若理解得
> 正确，人性和世界的界限并非枷锁，而会导向更为精
> 美和优雅的形式，通往关系与意义的圆满。[1]

贝利坚持认为，约束并不是"它表现出来的那种责
备"。与之相反，正如弥尔顿一生都坚持的观点，任意妄为
（licentiousness）与自由有本质区别："你并不自由，因你被
自我奴役着。"[2]

伊曼努尔·康德指出，当一只鸽子在飞行中感受到空
气的阻力时，它"可能觉得在空无一物的地方飞行会更容
易一些"[3]。

并非如此：它会掉落下来。正是空气的阻力使它
能够上升。相似地，路德维希·维特根斯坦（Ludwig
Wittgenstein）想象我们

> 已经来到没有摩擦的光滑冰面上，在某种意义上
> 说这是理想的状态，但同样，正因如此，我们无法行
> 走。我们想要行走，因此我们需要"摩擦"。回到粗糙
> 的地面上吧！[4]

我们前进的动力来自把某些东西推向后方，而不是消
除一切阻力。每当我试图让学生看到，具有特定形式——

即使是最基本的音韵——的写作"应当被看作理所当然的交通工具……而不是任何形式的束缚"[5]时，他们总是难以明白这个道理。

有时候我向他们指出，创造的一个显而易见的发生方式就是约束，而不是脱离约束，比如竞技比赛的约定时长、烹饪竞赛的限选材料，或者更乏味的项目预算和截止日期，还有更为深刻的人生有限性。"将就"我们被赋予的条件包含一种艺术性。

创造者需要适应约束，与之抗争，并使它为己所用。

也许把自己限制在一个框架内，给自己设置界限，能在你最意想不到之处挤出新的内容。

——多丽丝·莱辛（Doris Lessing）（1972）

无论是什么使约束减少，都会造成力量的减少。一个人越是把约束加到自己身上，就越能摆脱那些束缚他灵魂的枷锁。

——伊戈尔·斯特拉文斯基（Igor Stravinsky）（1939）

界限的原则是世界上唯一能救人的原则。一个人越是给自己设限，他就越是左右逢源。

——索伦·克尔凯郭尔（Søren Kierkegaard）（1843）

诗的灵魂需要被限制，而后它才能在其范围内自如地行动。

——A. W. 施莱格尔（A. W. Schlegel）（1808）[6]

约束"能够让人完成复杂的任务"[7]，这并非悖论。我希望把"约束"的意义扩大，不仅包括人为设置的外部强制条件（诸如写一篇五万字的、通篇不能出现字母"e"的微型小说）[8]，而且包括语言本身的物质基础。如果没有文字，我们便不能书写。我们是从一个被"约束"的世界继承文字的。这并不是说语言本身是个牢笼，我们仍然能让文字以许多前所未见的方式服务于我们。从这个意义上说，约束是不可避免的，而唯一自相矛盾的，就是我们不愿承认局限无所不在，也不"因迫不得已而以为美"[9]。

今日的科学认可诗人们一直知晓的事："若一个人面对诗艺本身的困难，他的想象力被激发，而非变得愚钝，那他就是一位诗人。"[10]可见，在资源有限的情况下，工作，能促使人更加灵活地使用物资，好设计的关键就在于"工作时甘心乐意并充满热情地面对那些约束"[11]。

W. H. 奥登（W. H. Auden）用充满祈祷的语言表达了这样的见地：

所有阻碍人凭本能回答的格律规则都是被祝福的，它们强迫我们三思，使我们脱离自我的辖制。[12]

我喜爱这个表达——"脱离自我的辖制"。这句话让我想起埃德蒙·柏克（Edmund Burke）的观点，他认为，所有不能控制自己欲望的人都使其激情成了枷锁[13]。这与少年人的幻想恰好相反：后者相信当自我脱离了约束和成规时就得到了解放。

读写以及讨论诗歌能激发人性中与界限共存的创造能力。有时，一位作家会掉落到形式中，正如伊丽莎白·毕肖普修改了七份"一艺"的稿件时所做的那样。这首诗的诞生是化茧成蝶的过程。[14] 开始时，它只是打印在纸上的一串不押韵的句子。后来，诗人发现"失去的艺术不难掌握"很适合作为叠句满足维拉内拉诗歌形式 * 那种内在的重复艺术要求。这首诗"从根向上生长，如同复杂的自然系统中诸如飞鸟成群、沙丘迁移，以及树木生长一类自下而上、自发组织的过程"[15]。

还有一些时候，我们的头脑中先有了形式，而后在创造过程中使其丰满。比如马德琳娜·兰格尔（Madeleine L'Engle）在其著作《时间里的一条皱纹》（*A Wrinkle in Time*）中讨论的十四行诗：

它（指十四行诗）难道不是一种非常严格的诗歌

---

* 维拉内拉（Villanelle）是一种特殊的格律，由十九行诗句构成，包括五节三行诗（tercet）和末尾的四行诗节。

形式吗？……据我所知，整首诗共有十四行，都是抑扬格五音步句。这是一种十分严谨的节奏或是格律，对吗？……每一行的末尾都要有刻板的尾韵。要是诗人不按照这个方法去做，它就不算一首十四行诗，对吗？……但是在这个严密的形式之内，诗人有完全的自由畅所欲言，不是吗？……你拿到了一种格式要求，但你必须自己创作一首诗。你要说什么完全取决于你自己。[16]

什么要求能比十四行显得更专制呢？虽然意大利语词 *sonetto* 最初的意思是一首没有形式限制的小曲，但是一位十三世纪的意大利诗人把这个诗行的数量变成了传统。这就如同象棋盘是 8×8，每场棒球有九局，华尔兹节奏是 3/4 拍一样——不过我们都遵守这些规则，并找到在界限内出类拔萃的方法，使出色的表现成为可能。若是国际足联明天宣布一场足球比赛的时长改为十分钟，又或是要延长到二百分钟，想象一下球员和球迷会多么愤怒，因为一旦界限变更，历史上的对比就毫无意义。你在现有的框架中怎么踢？那才是比赛。

由于十四行诗有十四行十个音节的音律结构，你有大约一百四十个音节的"预算"。你要是"超过了"预算会发生什么呢，每行用十一个音节（正如莎士比亚那颇具性别倾向意味的第 20 首十四行诗）？抑或写十五行（在他那令人苦恼的第 99 首十四行诗中）？你若是不"用足"预算，每行只写八个音节（如在谜一般的第 145 首十四行诗里）又如何？如果你写了十二行（就像在有多组对句的第 126 首十四行诗中）呢？这些只是形式框架中的一些变化——不过，就算是例外也能强化规则本身。借用 A.E. 斯托林（A. E. Stalling）的赞赏：

> 十四行诗是一种有巨大潜力、弹性和功用的诗歌形式，它变化多端（在某种字面的、奥德赛式曲折的意义上讲——既指它的善变，又指它的本质特征恰恰从其种种限制之中释放）。[17]

丽塔·多芙（Rita Dove）如此表达十四行诗创造出的具有生产力的紧张感："我喜欢十四行诗即使在它那使人显得愚拙的古板边界处（但那是多美的藩篱呀！）也有慰藉人心的力量；你需要不停地与秩序碰撞。"[18]

限制 / 释放；秩序 / 无序——自莎士比亚的时代之后，十四行诗人一直戏称这类诗歌形式"将混乱无序容纳在十四行之中"[19]。不晚于十六世纪开始，甚至出现了元十四行诗（metasonnet）这种次文类："您要我写一首十四行诗，夫人，看哪！/ 第一行和第二行已经完成。"[20]

我最喜欢的一首关于十四行诗式思维的十四行诗由威廉·华兹华斯所作：

> 修女不为房间狭长烦躁；
>
> 隐士也对陋室觉得满足；
>
> 思想城堡里的学生亦如此；
>
> 纺轮旁的侍女，织机边的织工，
>
> 无所挂虑；蜜蜂飞向高处的花朵，
>
> 直到弗内斯山丘的最高峰，
>
> 在毛地黄的花冠里嗡嗡低语：
>
> 我们注定身陷的牢狱，着实
>
> 并非牢狱：因而于我，
>
> 在各样的情绪之中，被束缚在
>
> 十四行诗的一方浅土中消遣；
>
> 若有灵魂（因为一定存在）如我，
>
> 感受到过多自由的沉重，
>
> 在此处稍稍舒心，我便开怀。[21]

　　这方 10×14 "浅土"的第一行诗是对意大利语词 *Stanza* 的变化——"房间"，一个我们让自己融入的地方。华兹华斯让前七行诗句在每一行的末尾处停顿，无论是用分号、逗号还是冒号。而后，出现的跨行句（enjambment）令人松了一口气——我们注定身陷的牢狱，着实 / 并非牢狱——这样，诗句的形式演绎出了它本身的视角反转：我们起初当作是界限的，其实并非界限。

十四行诗中有许多有意反映自身的关于自由与限制的句子，不晚于彼特拉克时起，这一形式就被唤作"牢狱"：

> 那没有松解也没有困锁的，虽然囚禁了我
> 却不能使我身处牢狱，但我也无法逃脱；[22]

直到今日，这一种表达仍然在诗歌创作中延续使用，比如在特伦斯·海伊斯（Terrance Hayes）的以下诗句中：

> 我把你囚禁在一首美国十四行诗中，它一半像牢狱，
> 另一半像慌乱中藏身的柜子，着火的房子里的一间小屋。[23]

我固然可以在本科生的课堂上滔滔不绝地讲述诗中的囚禁和自主权。但当这些诗歌在真实的牢狱中被讨论时，又会引发全然不同的谈话。在过去的几年中，我志愿在西田纳西州立悔罪监狱中教学，成了一群给受监禁的女人开设人文学科讲座的教师之一。[24]

课程主管邀请我谈论一出戏剧，但我认为短短两个课时不足以讲清楚一出戏剧。因此，我们读了莎士比亚的十四行诗。我选对了！有一个学生，阿雅，对此充满热情，而且她上第一次课时就带来了她自己翻译成现代英文的最

喜欢的一首。

宽敞的教室中有一块软木公告板，其尺寸比例恰好能反映书页上的一首十四行诗的形状，这为我们提供了形式的视觉类比：为什么一位艺术家会选择在这样一个框架中创作？G. K. 切斯特顿（G. K. Chesterton）坚持认为，艺术存在于限制当中，因此当他说"每一幅画最美之处在于其画框"时，他半是开玩笑，半是认真的。[25]

这是老生常谈，也是确确实实的：没有论文、试卷、成绩和管理者（也没有损坏的课堂技术工具！），这是我体验过的最淳朴、最受启发的教育，也证实了约翰·波热（John Berger）那如哈姆雷特一般的信念，即正因"牢狱如今已经如地球一样大。……所以要慢慢地在牢狱的深处而非外面寻找自由"[26]。学生也愿意去那儿：虽然只有十五个席位，却有五十位报名者。参加的人给我们写了热情的自我简介：

> "我热爱学新东西。"（南希）
>
> "我爱学习。我觉得自己的知识永远也不够。"（金伯利）
>
> "我爱学习，而且我觉得继续成长是非常重要的。"（德尼斯）

在背诵了下面这些话以后，她们很开心地发出了

"呜——"的赞叹：

> 石墙并不能装成一个监狱，
>> 铁栏也非牢笼；
> 无辜与沉默的思想将它当作
>> 隐士的独居所；
> 如果我仍然能逍遥在我的爱中，
>> 我的灵魂也不受拘束，
> 唯有那在天上飞翔的众天使，
>> 才真享有如此自由。[27]

虽然教师并未被告知学生们需要服刑多久，但我知道她们当中有些人会一辈子待在那里，因此，沉思灵魂的"自由"对她们而言更加刻骨铭心。（诗人本身只在1642年受了较短的监禁——时长为七周——相比之下显得不那么可怕。）她们在每节课结束时都向我道谢，与我握手道别（而在我二十年的执教生涯中，从没有任何班级是这样做的）。

我们思考了一个年复一年的任务：一位艺术家如何才能让一个疲乏的文体起死回生？当莎士比亚开始创作十四行诗的时候，这种形式已经不再流行了（1590年也太"晚"了吧！）。为了让这格律恢复生机，他转换了传统，让诗的情节设定从一位男性说话者对着一位理想中的女性听众说话，变成了新颖的设定：一位年长男性亲密地批评一位年轻男子。而后他又更新了他自己的变化，将第127首至第154首的语气设定为一位充满情欲和嫉妒的情人对着所爱的女性说话。

诗人永远在更新形式。以耶利哥·布朗（Jericho Brown）的《传统》一诗为例*[28]，布朗先是提到了一些花草的名字——这是文艺复兴诗歌中温婉且熟悉的方式：从艾德蒙·斯宾塞的"甜美的墨角兰和雏菊遍地绽放"（Sweete Marioram, and Daysies decking prime）到莎士比亚的"樱草与紫罗兰轻轻点头"（oxlips and the nodding violet），从约翰·弥尔顿那充满哀怨的"遍地春花似锦"（ground with vernal flowers）到海斯特·普尔特（Hester Pulter）的"郁金香，玫瑰，或是紫罗兰"（tulip, rose, or gillyflower）。[29] 然而，到了诗的结尾处，名字的例举用于纪念三位死于警察暴力的黑人受害者。

《传统》一诗唤起了一系列传统：从诗歌形式的传承到以诗为花（posies）（甚至"文选"[anthology]这个词也是源于希腊文的 *anthos*["花朵"]和 *legein*["集合"]），再到美国暴力这令人悲哀的"传统"，一代又一代地传下来。在采访当中，布朗描述称他开始写作这首诗的时候并没有

---

    * 耶利哥·布朗是美国现代诗人，他获得了2020年普利策诗歌奖。他的《传统》一诗充满哀怨地用花朵比喻和纪念因警察暴力而死去的黑人受害者。

预想到它的结尾，然而"我们的形式启发了内容，……它们齐头并进，循环往复，……它们不断与彼此对话"[30]。这对话有一部分是在诗人的头脑中发生的；还有一部分随着时间流逝，自己显露出来。正如布朗主张的那样，"当然，若不是多恩（Donne）存在，我根本不可能写出诗来"[31]。

我们作为读者，如何才能通过阅读与那些遥远国度和时空中的已逝诗人对话呢？莎士比亚的作品已经证实了它们跨越时代、民族和语言的可塑性。比如玛雅·安吉洛（Maya Angelou）对第 29 首十四行诗（"我因被放逐，独自一人哀哭"）那带有挑战意味的评述：

> 他当然是为我而作的：那写的正是黑人女性所处的境遇。当然他曾是一个黑人女性。我明白那点。没有人能理解，但我知道威廉·莎士比亚曾经是一个黑人女性。[32]

就在她去世之前不久，她将这样的观点传递给了全世界："［他的］诗歌……是为你而作，你们当中的每一个——黑人、白人、黄种人、男人、女人、同性恋、异性恋。"[33]

我的在监狱中的学生们并不需要任何人来使她们信服这观点，但对我而言，这样的感受从未如此真实。

注释

1 《浮士德式经济学：地狱没有任何界限》（Faustian Economics: Hell Hath No Limits），《哈珀杂志》（*Harper's Magazine*），2008 年 5 月，第 38–39 页。

2 公义的亚比迭在拒斥反叛的路西弗时如此说，《失乐园》（*Paradise Lost*）第六章第 181 行。

3 《纯粹理性批判》（*The Critique of Pure Reason*, 1787），诺曼·肯普·史密斯（Norman Kemp Smith）译，麦克米伦出版社（Macmillan），1964 年，第 47 页。

4 《哲学研究》（*Philosophical Investigations*, 1953），G.E.M. 安斯科姆（G. E. M. Anscombe）译，第三版，麦克米伦出版社（Macmillan），1968 年，第 107 节。

5 泰米尔哲学家阿南达·库玛拉斯瓦米（Ananda Coomaraswamy），《艺术中自然的变换》（*The Transformation of Nature in Art*），哈佛大学出版社（Harvard University Press），1934 年，第 23 页。

6 莱辛（Lessing），《金色笔记》（*The Golden Notebook*，1962）前言，西蒙与舒思特出版社（Simon and Schuster），1971 年，第 x 页；斯特拉文斯基（Stravinsky），《六堂课的音乐诗学》（*Poetics of Music in the Form of Six Lessons*，1939），哈佛大学出版社（Harvard University Press），1970 年，第 65 页；克尔凯郭尔（Kierkegaard），《若非／就》（*Either/Or*，1843），第一卷，普林斯顿大学出版社（Princeton University Press），1987 年，第 292 页；施莱格尔（Schlegel），《戏剧艺术与文学讲稿》（*Lectures on Dramatic Art and Literature*，1808），约翰·布莱克（John Black）译，亨利·伯恩出版社（Henry Bohn），1846 年，第 340 页。

7   伊芙琳·特里波（Evelyn Tribble），《在环球剧场中散发认知》（Distributing Cognition in the Globe），《莎士比亚季刊》（*Shakespeare Quarterly*）第 56 卷，第 2 期（2005 年），第 135—155 页。

8   这个极难的任务已经被完成了！厄内斯特·文森特·莱特（Ernest Vincent Wright），《盖德斯比》（*Gadsby*），韦茨尔出版公司（Wetzel Publishing Company），1939 年。

9   《维洛那二士》（第四幕第一场第 61 行）。

10 保罗·瓦雷里（Paul Valéry）的原话，由 W. H. 奥登（W. H. Auden）在接受迈克尔·纽曼（Michael Newman）采访时复述，《巴黎评论》（*Paris Review*）第 57 期（1974 年春）。

11 查尔斯·伊姆斯（Charles Eames），《什么是设计？》（What Is Design?，1969），由拉密克（L'Amic）夫人采访，《伊姆斯选集：文章、电影剧本、采访、信件、笔记、演讲》（*An Eames Anthology: Articles, Film Scripts, Interviews, Letters, Notes, Speeches*），丹尼尔·奥斯特洛夫（Daniel Ostroff）编，耶鲁大学出版社（Yale University Press），2015 年，第 285 页。

12 《短诗 II》（Shorts II），《诗集》（*Collected Poems*），爱德华·门德尔松（Edward Mendelson）编，古典出版社（Vintage），1991 年，第 856 页。

13 《柏克先生致国民议会成员的一封信》（A Letter from Mr. Burke to a Member of the National Assembly），1791 年。

14 它们藏于瓦萨尔学院（Vassar College），已经被摘录在：http://bluedragonfly10.wordpress.com/2009/06/12/one-art-the-writing-of-loss-in-elizabeth-bishop's-poetry/。

15 保罗·雷克（Paul Lake），《诗的形状》（The Shape of Poetry），《现代诗歌评论》（*Contemporary Poetry Review*），2010 年 7 月 14 日。

16 《时间里的一条皱纹》（*A Wrinkle in Time*，1962），方鱼出版社（Square Fish），2007 年，第 219 页。兰格尔（L'Engle）在《安静的圈》（*A Circle of Quiet*）中讨论了这种"令人自由的结构"，开阔道路媒体（Open Roads Media），2016 年，第 87-88 页。

17 《衔接》（The Catch），《诗歌》（*Poetry*）第 191 卷，第 6 期（2008 年 3 月）第 474 页。见大卫·欧吉尔维（David Ogilvy）的《一个广告人的自白》（*Confessions of an Advertising Man*），雅典神庙图书公司（Atheneum Books），1963 年，第 90 页："莎士比亚在严格的格律中写作他的十四行诗，十四行抑扬格五音步句，三个四行尾韵诗节和一个对句。他的十四行诗难道很无趣吗？"

18 《一个完整世界》（An Intact World），《母亲的爱》（*Mother Love*），诺顿出版社（Norton），1995 年，无页码。

19 《埃德娜·圣文森特·米莱诗选》（*Selected Poems of Edna St. Vincent Millay*），霍莉·皮普（Holly Peppe）编，耶鲁大学出版社（Yale University Press），2016 年，第 221 页。

20 西班牙语原文："Pedes, Reyna, un Soneto, y ya le hago;/ ya el primer verso y el segundo es hecho;"蒂亚戈·乌尔塔都·德·门朵萨（Diego Hurtado de Mendoza），《关于十四行诗的十四行诗：选集》（*Sonnets on the Sonnet: An Anthology*），马修·拉塞尔牧师，耶稣会士（Rev. Matthew Russell, SJ），朗曼与格林出版社（Longmans, Green, and Co.），1898 年。

21 《诗选》（*Selected Poems*），约翰·O. 海顿（John O. Hayden）编，企鹅出版社（Penguin），1994 年，第 174-175 页；"过多的自由"暗指《量罪记》（*Measure for Measure*）（第一幕第二场第 114 行）中克莱迪奥（Claudio）说的话。

22 《稀疏的韵脚》（*Rime Sparse*），第 134 首十四行诗，托马

斯·怀亚特爵士（Sir Thomas Wyatt）译：https://www.
poetryfoundation.org/poems/45579/i-find-no-peace。

23　特伦斯·海伊斯（Terrance Hayes），《关于我那过去与未来刺
　　客的美式十四行诗》（American Sonnet for My Past and Future
　　Assassin），《诗歌》（Poetry），2017 年 9 月。

24　乔纳森·洛思（Jonathan Rose）在他那令人动容的叙述《读
　　者的解放》（Readers' Liberation）中研究了狱中的莎士比亚课
　　程，牛津大学出版社（Oxford University Press），2018 年，第
　　112-128 页。海伦·威尔考克斯（Helen Wilcox）表示参与者
　　感到与莎士比亚之间存在距离，但这种距离能带来收获，是
　　研读现代作品时难以获得的；引自劳伦斯·托琪（Laurence
　　Tocci），《戏台前景的牢笼：美国监狱戏剧课程案例分析》
　　（The Proscenium Cage: Case Studies in U.S. Theatre Prison
　　Programs），康布里亚出版社（Cambria Press），2007 年，第
　　184 页。感谢道格·兰尼尔（Doug Lanier）向我介绍了威尔
　　考克斯的作品。

25　引自伊安·科尔（Ian Ker），《切斯特顿：传记》（Chesterton:
　　A Biography），牛津大学出版社（Oxford University Press），
　　2012 年，第 254 页。

26　约翰·波热（John Berger），《狱中伙伴》（Fellow Prisoners），《格
　　尔尼卡杂志》（Guernica Magazine），2011 年 7 月 15 日。
　　"于我，［丹麦］是一座牢狱。"——《哈姆雷特》（第二幕第
　　二场第 231 句第 11-12 行）。

27　理查德·洛芙莱斯（Richard Lovelace）的《狱中致阿尔特亚》
　　（To Althea, from Prison）的最后一节，《卢卡斯塔》（Lucasta），
　　1649 年，第 98 页。

28　耶利哥·布朗（Jericho Brown），《传统》（The Tradition）。

29　斯宾塞（Spenser），《Muiopotmos, 或蝴蝶的命运》（Muiopotmos,

or the Fate of the Butterflie)，第 192 行，《艾德蒙·斯宾塞：短诗作品》(*Edmund Spenser: The Shorter Poems*)，理查德·A. 麦加比（Richard A. McCabe）编，企鹅出版社（Penguin），1999 年；莎士比亚，《仲夏夜之梦》（第二幕第一场第 250 行）；弥尔顿（Milton），《黎西达斯》(*Lycidas*)，第 141 行；普尔特（Pulter），《只看这一朵郁金香》(View But This Tulip)，第 40 铭图，第 1 行。见弗朗希斯·朵兰（Frances Dolan）那好用的导航图，《诗花：花／创作的联系》(Posies: The Flower/Writing Connection)，《普尔特项目：制造中的诗人》(*The Pulter Project: Poet in the Making*)，蕾雅·奈特（Leah Knight）与温迪·华尔（Wendy Wall）编，2018 年：http://pulterproject.northwestern.edu。

30 耶利哥·布朗（Jericho Brown）与迈克尔·杜曼尼斯（Michael Dumanis）的对话，《本宁顿评论》(*Bennington Review*)，2018 年 10 月 27 日：http://www.benningtonreview.org/jericho-brown-interview。

31 耶利哥·布朗（Jericho Brown）采访，《灯箱诗歌》(Lightbox Poetry)，2016 年 1 月 6 日：http://lightboxpoetry.com/?p=516。

32 《艺术在生活中的角色》(The Role of Art in Life)，《联系季刊》(*Connections Quarterly*)，1985 年 9 月，第 14 页、第 28 页。

33 凯伦·斯华洛·普莱尔（Karen Swallow Prior），《玛雅·安吉洛说"莎士比亚一定是个黑人女孩"时是什么意思》(What Maya Angelou Means When She Says "Shakespeare Must Be a Black Girl")，《大西洋月刊》(*Atlantic*)，2013 年 1 月 30 日。

十三、制造

> 文字工作是崇高的，她认为，因为它是创造性的。
>
> ——托尼·莫里森（Toni Morrison），诺贝尔奖致辞（1993）

《制造》杂志在 2005 年 2 月创刊时曾发表这段话："我们当中有些人生来就是制造者，而另一些人，就像我，几乎不自觉地成了制造者。"[1] 这呼应了《第十二夜》（第二幕第五场第 126–128 句）中的"有些人是生而尊贵，有些人是赢得尊贵，更有些人是尊贵相逼而来的"。

随着杂志出版，2006 年出现了第一届制造者集市（Maker Faire），之后风靡全球。如今，我们有公共图书馆为需要解决技术问题的老板们提供"制造者空间"，还有教育政策专家们力推的"以制造者为核心的学习"，这种探究以项目为基础，结合了 DIY 理念和熟悉可靠的边做边学。这个制造者运动突如其来。所有此类方法都来自制造是一种思考形式这一前提。用约翰·拉斯金的交错排列句（chiasmus）来说："制造者应该常常思考，而思考者应当常常制造。"[2]

可惜的是，在制造者运动潮流中存在自我认识的空白，似乎这是一种"新事物"，它是"改革性的"，"从来没有发生过"。理应带着历史性的谦逊看待此事：维克多·德拉 – 沃斯（Victor Della-Vos）的手把手教学方法产生于十九世纪六十年代；约翰·杜威（John Dewey）的实验学校早在一个世纪以前就已经开始推广"做中学"了。[3]我们可以在更早的历史中找到发展出手把手教育的"制作者领域"（makespheres），其中包括具有"制造者知识"传统的早期现代军火工坊，那里的制造与认知密不可分。而且，制造者运动号称新颖，却常常无视那些早就因长期需求而非爱好产生了制造的共同体：

> 你要是买不起衣服，却能做它们——那就做吧。你需要使用手头所有的材料，尤其是当你没有很多钱的时候。你需要创造力并发挥你的想象。[4]

而且，还有一个更深的缺陷：理所当然地认为"制造"应当是被 STEM（科学、技术、工程学和数学四学科的英文简写）驱使的，只适用于物质实体。

但我们不也用词汇制造东西吗？

一个世纪以前，乔治·克拉姆·库克（George Cram Cook）开设第一门创造性写作课程的时候有更好的想法，他将其命名为"诗句制造"[5]。今日遍地开花的创造性写作课程在起初的目标与其说是发表故事，倒不如说是对写作的建筑学的深刻内省。

> 他们为了拉近文学教学与真实的文学创作方式之间的距离而做出了努力……。他们尝试通过"使用"文学来获得关于文学的理解。[6]

都铎时代的教育者倚靠他们口中的"分解过程"：把段落和词汇分解开来，从而观察它们是如何被组合到一起的。约翰·布林斯利（John Brinsley）如此赞扬此法：

> 分析和分解作者的拉丁文，而后把它重新制作出来，像分解它那样。[7]

我们分解语言是为了重新制造，并把它变成我们自己的东西。"如果诗人非要是什么人，"E. E. 卡明斯（E. E. Cummings）如此写道，那就是"一个沉迷于制造的人"[8]。

作家会回顾文字艺术与其他制造形式的相似之处，正如桑德拉·玛丽亚·艾斯提弗丝（Sandra Maria Esteves）口中的比喻："诗人的眼睛如同建筑设计师之笔……，又如木匠的工刀，有着光芒四射的利刃。"[9]尤瑟夫·考木尼亚卡（Yusef Komunyakaa）如此沉思他父亲的木工活以及他自己当作家的工作：

> 那不就是我们制造诗的方法吗？我们测量一行诗句中的音乐属性。做出形状。切割。修改。端详。甚至连即兴创作的诗歌也是经过加工、抛光才完成的。它成为一首诗。成年之后，我有时在狂喜中仿佛又成了那个举着一块木材看父亲锯木的五岁男孩。通过双手，记忆苏醒过来，在这身体中，诗艺与木工在本质上是相连的。[10]

他从帕布罗·聂鲁达（Pablo Neruda）的"诗艺第一首"（Ars Poetica [1]）中引用了一段诗句，在其中，聂鲁达唤醒了"手艺"的两层含义：一是适于航海的船，二是通过经验和应付材料而循序渐进的实践。

作家是建筑师、木工、雕塑家、纺织工、园丁和建筑工人——这些有关制造的暗喻重复出现于口头创作之中。数码的"剪切和粘贴"本身就是更早的年代中人们裁切和粘连物体的做法留下来的概念。我们的"小说"一词来源于拉丁语中意为"塑造"和"规划"的词，而这个词又能溯源到早期印欧语系中的词根，如 *dheigh*——"去构造，搭建"；*dhe——"去制定、放置"；还有 *dhabh——"去拼凑在一起"[11]。

十三世纪时，樊索夫的杰弗里（Geoffrey of Vinsauf）在建筑学思维和语言创造之间制造出了显性联系：

> 头脑中的手在身体上的手开始建造房子之前就已经全部构建好了。诗学的艺术也许能够在这样的类比中发现诗人被赋予的规则：……就像一位严谨的工人，在头脑的堡垒中构建整个蓝图；脱离嘴唇之前，它已经存在于头脑中。[12]

在这一点上，他是品达（Pindar）的追随者。后者是有作品存世的最早的希腊诗人之一："我们将所住之处墙头的穹顶用金色的梁柱抬升，为了建造，不准确地讲，一座华美的大厅。"[13] 神话中的安菲翁（Amphion）将诗歌与建筑之间的基础联系用文字表达出来，他的里拉琴据说曾经帮助建造了忒拜（Thebes）的城墙。这才是制造。

希腊语中表达"制造"和"做事"的动词是"*poiein*"——正是从这个词中变化出了"诗人"（poet）一词，其意不言而喻。亚里士多德在他论述伦理和戏剧的著作中都谈及诗学（poesis）；两篇论述都透析了制造的各种合宜形式。奥登正是在这种意义上宣称一个艺术家是"制造者，制作物品的人"[14]。

"诗人"的词源学之所以有吸引力，是因为它传达了"制造这个非常简单的概念……也就是说，头脑的工作，那些头脑为它自己所用而做，并在过程中动用了一切可用的物质手段"[15]。阿勒都斯·赫胥黎（Aldous Huxley）提醒我们：

> 从词源学上讲，诗人就是制造者。他像其他的制造者一样，需要原始材料的积累——对他而言，就是经验。经验关乎理智与直觉，关乎看见和听见重要的事，关乎在适当的时刻给予注意力，并理解和联系它们。经验不是发生在一个人身上的事，它是一个人如何应对那些发生在他身上的事。它是一种用于应对存在的诸多事故的天赋，而非事故本身。[16]

早在十四世纪，英语诗人就被称作"制造者"，乔叟曾被他的同代人托马斯·乌斯克（Thomas Usk）如此赞美：他的"机巧与……美善的至理名言……超过了所有其他制造者"[17]。到了 1772 年的时候，你仍然可以哀叹英格兰不再生出像斯宾塞或西德尼那样的"制造者"——这两位诗人都曾在其作品中引用希腊文词源 poesis。[18]制造不仅是神圣的（接近那万物创造者的行为），也属于有限的生命（一个制造者需要为其素材劳心费神）。

那些素材是什么呢？它们又在回应过去的哪些艺术家

呢？他们的作品是如何经历时日成形的呢？他们又利用了哪些其他源头、其他传统，还有其他媒介的碎片来创作呢？我们如何能在我们的世界中给"制造"的这层意义赋予新的生命——不仅作为消费者，也作为思考者？

莎士比亚的戏剧中有各式各样的"制造者"：

> 噪音制造者，造坟墓者，夹具制造者，号角制造者，和平制造者，写歌谣的，造缆绳的，做绞架的，鞋匠，"绿帽子"制造者，卡片制造者，寡妇制造者，造船帆的，以及礼貌制造者。[19]

在《哈姆雷特》中，造坟墓者们笑谈不同制造业的存留年限：

> 乡甲：什么人造出来的东西比石匠、船匠、木匠所造的更坚固？
>
> 乡乙：做绞架的；因为那个架子经过一千个人来居住，依然是坚固的。[20]

我的学生们写论文时常常把莎士比亚描述成一个"写剧的"（play-write）：他们听见剧作家（playwright）的谐音就以为他就是做这件事：写。但是剧作家拼写为 w-r-i-g-h-t，来自古英语 wryhta，而这个词在劳伦斯·诺维尔

（Laurence Nowell）1567 年编写的撒克逊语词典中的释义是"工作者，师傅，描述所有手艺人的通用词，……也指诗人"[21]——就像造车师傅（cartwright）指的是一个制造三轮车的人，或者造船师傅（shipwright）指的是一个制造船的人。曾经也有造舟师傅（arkwrights）、造战争的人（battle-wrights）、造艇师傅（boatwrights）、面包师傅（bread-wrights）、黄油师傅（butterwrights）、蜡烛师傅（candlewrights）、磨坊师傅（millwrights）、马车师傅（wainwrights）。剧作家造的是戏剧。后者"被造"（wrought）——设计，成型，编织，搭建，拧转，打磨，扭曲，构建，抛光。

西德尼在赞扬诗人具有创造的技巧，转向神圣本质（那"制造了人的天上的制造者"）时，沿用了兰蒂诺（Landino）对但丁《神曲》（1481）的评论：

> 希腊人说"诗人"一词源自动词"poiein"，它介于两个概念的中间：一个是"创造"（creare），属于从无中将万有带入了存在中的上帝；另一个是"做"（fare），属于凭各种技艺使用材料以及形式而制作的人。因此，虽然诗人所作并非无中生有，却出离了"做"而非常接近"创造"。上帝是位诗人，而世界就是他的诗歌。[22]

斯卡利格（Scaliger）、塔索（Tasso）等也都赞同："世界上除了上帝和诗人外，没有任何人能配得上创造者这个称谓。"[23]

针对以上这样大胆的对比，奥登提出了不同意见："诗令无物发生。"（Poetry makes nothing happen.）*[24]

这评价多么黯淡啊！它能使一切对阅读之轻快的恶意怀疑显得名正言顺。它也纠正了珀西·比希·雪莱（Percy Bysshe Shelley）那句听来颇为刺耳的"诗人是不被承认的世间立法者"[25]——慰藉在于世界确实在艺术家立的法中运行，而世界只是并不知道。

不过，让我们重新思考奥登诗句的措辞："诗令无物发生。"他本来可以把这意思表达得更消极："诗并不让任何事情发生。"相比之下，他的句子用积极的语态宣布："诗制造。"思考以下这没有了"无物"的句子："诗令＿＿＿发生（Poetry makes ＿＿＿＿＿ happen）。"有一种方式可以将这空缺理解为"在场"。你如何能使"一件无物"发生？在接下来的诗句中，奥登把诗想象成"一种发生的方式"，一种"在制造它的巷子里生存下来"的方式。

亚里士多德认为，"制造者思想"的功用，与光使物显明的功能相似，虽然不直接引发视觉，却使看见成为可

＊ 这句诗有两重意思，一是"诗不能制造出任何事物"，二是"诗歌不能使物质发生，而使某些精神上的事情发生了"。Nothing 为双关语，诗人想表达的其实是后一种意思。

能。[26] 在这种意义上，考利欧雷诺斯那带有抗争意味的，成为"他自己的作者"的尝试，可以被看作具有创造性的"我必须重新制造自己"[27]。在制造的过程中能产生一种回馈式的自我塑造，就像夸美纽斯所坚持的，"如此，通过良善的实践，所有人最后都能感受到谚语'fabricando fabricamur'［在创造中，我们创造自己］"[28] 这句话中的真理。

德语词"Bildung"能够传达这种教育的"制造"意义，因为它令人联想到（就词源而言不准确，但从诗的角度而言是正确的！）与建筑（building）的联系。或者，英语中更好的同义词是"造就"（edification），十六世纪的教师们喜欢用这个词表示他们通过学生所制造的。泰勒·马里（Taylor Mali）的诗《教师们制造了什么》执拗地强调教师的"制造者属性"以回应粗鄙的提问（"你制造了什么？"——言下之意："你赚多少钱？"）："教师们制造了该死的变化（a goddamn difference）！那你呢？"[29]

教育是那意义深远的无物发生之处，因为它让我们参与到制造这门普遍艺术中，即"我们观照自身之镜"[30]。

〜 注释 〜

1　戴尔·杜尔提（Dale Dougherty），《制造的制造》（The Making

of Make），《制造：属你时间的科技》（*Make: Technology on Your Time*），2005 年 2 月，第 7 页。

2　《哥特风格的本质》（The Nature of Gothic），《威尼斯的石头：第三卷。秋天》（*The Stones of Venice: Volume the Third. The Fall*），史密斯、埃尔德出版公司（Smith, Elder, and Co.），1853 年，第 169 页。

3　哈维·埃尔维（Harvey Alvy），《为改变你的学校而斗争》（*Fighting for Change in Your School*），ACSD，2017 年，第 120 页。

4　艾德维奇·丹缇卡特（Edwidge Danticat），《所有移民都是艺术家》（All Immigrants Are Artists），《照亮黑暗》（*Light the Dark*），乔伊·法斯勒（Joe Fassler）编，企鹅出版社（Penguin），2017 年，第 95 页。

5　约翰·C. 葛博（John C. Gerber），《作家的诞生"工作坊"》（The Emergence of the Writers' Workshop），《作家的共同体》（*A Community of Writers*），罗伯特·达纳（Robert Dana）编，艾奥瓦大学出版社（University of Iowa Press），1999 年，第 225 页。

6　D. G. 迈尔斯（D. G. Myers），《大象教授的》（*The Elephants Teach*），芝加哥大学出版社（University of Chicago Press），1996 年，第 4 页、第 6 页。

7　引自杰夫·朵尔文（Jeff Dolven），《教学场景》（*Scenes of Instruction*），芝加哥大学出版社（University of Chicago Press），2007 年，第 37 页。

8　引自罗伯特·格雷福斯（Robert Graves）的《诗的制造》（The Making of the Poem），《寻常长春花》（*The Common Asphodel*），哈斯克尔出版社（Haskell），1949 年，第 117 页。

9　《你里面住着一位诗人》（There Is a Poet Inside You），《布鲁斯

镇反舌鸟曼波曲》（*Bluestown Mockingbird Mambo*），公共艺术出版社（Arte Publico Press），1990 年，第 37 页。

10 《令你的手尊贵：木工与诗歌》（Honor Thy Hands: Carpentry and Poetry），《美国读者》（*American Reader*）第 1 卷，第 4 期（2014 年 2 月 /3 月）：http://theamericanreader.com/honor-thy-hands-carpentry-and-poetry/ 。

11 参见道格拉斯·哈珀（Douglas Harper）那不断扩充的作品，《线上词源字典》（*Online Etymology Dictionary*）：https://www.etymonline.com。

12 《新诗》（*Poetria Nova*），约 1210 年。

13 《奥林匹亚颂》（*Olympian*）第六卷，戴安·阿尔松·斯瓦尔莲（Diane Arnson Svarlien）译，1990 年，珀修斯项目（Project Perseus）：http://www.perseus.tufts.edu/hopper/text?doc=Perseus%3Atext%3A1999.01.0162%3Abook%3DO.%3Apoem%3D6。

14 《次世界》（*Secondary Worlds*），兰登书屋（Random House），1968 年，第 141 页。

15 《保罗·瓦雷里作品集：美学》（*The Collected Works of Paul Valéry: Aesthetics*），R. 曼海姆（R. Manheim）译，普林斯顿大学出版社（Princeton University Press），1971 年，第 91-92 页。

16 《文本与托辞：评注本选集》（*Texts & Pretexts: An Anthology with Commentaries*），查托与文都司出版社（Chatto & Windus），1933 年，第 5 页。

17 《爱之约》（*Testament of Love*），加里·W. 肖佛（Gary W. Shawver）编，多伦多大学出版社（University of Toronto Press），2002 年，第 160 页。

18 《布朗尼田园诗续词》（*Verses prefixed to Browne's Pastorals*）。E. K. 斯宾塞，为《牧人日历》（*Shepherd's Calendar*）中的

"四月"编写的字义表，1579 年；西德尼（Sidney），《诗辩》（*An Apologie for Poetry*），1595 年。

19 科琳娜·维利埃塔（Corinne Viglietta），《莎士比亚与制造者运动有什么关系？》（What's Shakespeare Got to Do with the Maker Movement?），弗尔哲莎士比亚图书馆（Folger Shakespeare Library）：https://folgereducation.wordpress.com/2015/01/27/whats-shakespeare-got-to-do-with-the-maker-movement/。

20 《哈姆雷特》（第五幕第一场第 35–38 行）。

21 通过《早期现代英语词汇》（*Lexicons of Early Modern English*, LEME）查找：https://leme.library.utoronto.ca。

22 瑞秋·波切（Rachel Porcher）译，《语言、工人与世界》（The Word, the Workman, and the World），硕士论文，伦敦大学，2015 年，第 2 页。

23 格雷厄姆·沃勒斯（Graham Wallas）引用了珀西·比希·雪莱（Percy Bysshe Shelley），后者则引用了塔索（Tasso），《思想的艺术》（*The Art of Thought*，1926），索利斯出版社（Solis Press），2014 年，第 69 页。

24 《纪念 W. B. 叶芝》（In Memory of W. B. Yeats），《另一次》（*Another Time*），兰登书屋（Random House），1940 年，第 93–96 页。

25 雪莱（Percy Bysshe Shelley），《为诗而辩》（A Defence of Poetry）（作于 1821 年，1840 年出版），《主要作品集》（*The Major Works*），扎切利·里德（Zachary Leader）与迈克尔·奥尼尔（Michael O'Neill）编，牛津大学出版社（Oxford University Press），2003 年，第 674–701 页。

26 L. A. 克斯曼（L. A. Kosman），《制造者的头脑制造什么？》（What Does the Maker's Mind Make?），《亚里士多德的"论

灵魂"研究论文集》(*Essays on Aristotle's "De Anima"*)，玛塔·努斯鲍姆(Martha Nussbaum)与艾米莉·罗蒂(Amelie Rorty)编，牛津大学出版社(Oxford University Press)，1992年，第343—358页。

27　《考利欧雷诺斯》(*Coriolanus*)(第五幕第三场第36行)；《一英亩草坪》(An Acre of Grass)，《W. B. 叶芝诗歌集锦》(*Collected Poems of W. B. Yeats*)，理查德·J. 芬尼然(Richard J. Finneran)编，麦克米伦出版社(Macmillan)，1996年，第332页。

28　皮尔·博维(Pierre Bovet)，《约翰·阿莫斯·夸美纽斯》(*John Amos Comenius*)，日内瓦(Geneva)，1943年，第23页。

29　《学习留下了什么》(*What Learning Leaves*)，汉诺威出版社(Hanover Press)，2002年。

30　弗兰克·比达尔(Frank Bidart)，《给玩家的建议》(Advice to the Players)，《如尘土般的音乐》(*Music Like Dirt*)，萨拉班德出版社(Sarabande Books)，2002年，第14页。

十四、自由

只有一种研究配得上被称作"人文的":它得能让人变得自由。

——塞涅卡,致卢西里乌斯(Lucilius)的第 88 封信(约公元 65 年)

关于古希腊的寓言作家伊索(Aesop),我们知道得不多。他本人也许就是虚构出来的!不管他是一个真人还是一个被虚构出的角色,我认为(假设真实的)伊索传记中最好的一件事就是他如何从奴隶变成了自由人——正是通过讲故事。他的故事在几个世纪中都是教育者的重要素材,从"预热练习法"到约翰·洛克。它们与世界各地的民俗故事相似,其中都有会说话的动物,它们的声音与我们自己的声音有惊人的相似之处。

在一则伊索寓言故事中,一只平常的飞鸟(通常指乌鸦)用别人的羽毛装扮自己。一位名叫约翰·布林斯利

（John Brinsley）的教师在 1617 年提供了如下两种流行的
版本：

> 一只山鸦有一次用孔雀的羽毛伪装自己。它因为
> 觉得自己模样俊俏，不屑于与同类为伍，要加入一群
> 孔雀，与其为伴。孔雀们却立刻看穿了这骗局，剥去
> 了这只蠢鸟身上五颜六色的羽衣，又抽打了它一顿。
>
> 这是一篇关于寒鸦的小故事，……不仅它辛辛苦
> 苦收集的从别的鸟儿身上掉落的羽毛被剥下，每只鸟
> 儿还从它身上拔走了一根羽毛，于是它只剩下一副滑
> 稽可笑的模样。[1]

布林斯利用苏格拉底式的警告"认识你自己"结束了
这则寓言。（当我给孩子们读这些故事时，我总会发现那些
附加的"道德"教训与其说是让故事主旨清晰，倒不如说
是恰到好处！）

罗杰·莱斯特朗日爵士（Sir Roger L'Estrange）的版本
如此借题发挥：

> 我们用各种各样的方法，为了各种各样的目的，
> 彼此互相偷窃；不仅偷窃巧思，也偷窃羽毛；但当骄
> 傲与乞讨相遇时，人们终会被揭露，遭人耻笑。[2]

有关这个故事的道德教训都赞同，虚荣的冒名顶替者一定会因其伪装的目的而受到公正的处罚。但我觉得奇怪。伊索若非收集和改编别人的故事，就什么都不是；他难道不会喜欢这只胆大包天的鸟吗？

莎士比亚的生涯第一次被谈论时，伊索寓言的典故就派上了用场。在1592年出版的一本充满冷嘲热讽的小册子里，作者警告受过大学教育的剧作家不要将他们的作品分享给一个

自命不凡的乌鸦，被我们的羽毛装饰着，他那演员皮包着一颗老虎心，自以为他那华而不实的无韵句能赛得过你们当中最好的：他根本是个杂而不精的万金油，却狂妄自大地以为唯有他自己的剧作能震动一国上下的布景台（Shake-scene）。[3]

这段话影射了莎剧中的这一句台词："包着女人皮的老虎心！"[4]

令罗伯特·格林愤愤不平的是这个"招摇过市"者的造作，借来的"我们的羽毛"，而且"以为"他跟我们当中"最好的"不相上下，狂妄自大。不过，莎士比亚还是笑到了最后，因为他在创作妙不可言的最后一部剧作《冬天的故事》时，从格林的《潘多斯托》（Pandosto）一剧中偷来了欧陶利克斯这个不肯悔改的盗贼角色，"专门偷取别人不

注意的一些小东西"（第四幕第二场第 25–26 行）。震动那一场吧。

一个雄心勃勃的年轻演员，不是来自这个地区（不久前才从穷乡僻壤移居此地，没读过多少书），却试图模仿我们的剧作……"他以为他是谁"？他的同行们对这只"文学喜鹊"——我指的是鲍勃·迪伦（Bob Dylan）[5]——做出的反应是"嫉妒、轻视、嘲讽有加"。粉丝们早就在记录他写歌生涯中的莎士比亚回音，无论是向着剧名点头（《暴风雨》），向着角色致意（《荒凉的街巷》中的奥菲莉娅），引用剧中的短语（"自古以来"［Time out of Mind］出自《罗密欧与朱丽叶》中墨枯修的"仙姑"［Queen Mab］演讲），或是普遍的灵感来源（"很多年来我一直试着写出让人听起来感觉像莎士比亚戏剧那样的歌曲"[6]）。

迪伦和莎士比亚甚至偶尔写出了同样的尾韵。克里斯托弗·利克斯（Christopher Ricks）引用莎士比亚第 138 首十四行诗的前四行，以及迪伦的《你有些迷人》（Something There Is about You）时注意到：

> 能跟"真"（truth）押尾韵的词很少……也许唯一具有隐喻关联的，能创造性地搭配"真"的韵词就只有"青春"（youth），……［迪伦］很灵巧地为这一对韵脚补充了一对同样押韵的名字"露丝"（Ruth）以及"杜鲁斯"（Duluth）。[7]

最近，迪伦为诗人可以运用任何资源进行创作的自由辩护时，再次借用莎士比亚的创作过程，这一次更有说服力。迪伦在回应2012年的抄袭控诉时提醒采访者，自1963年起他就总被类似的控告纠缠——"你要是觉得引用是件容易的事……你可以自己试一下，看看你能做到什么程度"[8]——他提到维吉尔（Virgil）被控告抄袭了荷马时回应："他们怎么不试试同样的剽窃？如果试过，他们就会明白揉捏赫拉克勒斯的大棒也比改造荷马的一个句子容易得多。"[9]借用伍迪·贾斯利（Woody Guthrie）关于另一位歌曲作者说的话："噢，他不过是偷了我的，但我什么人的都偷。"[10]

迪伦坚持说，"引用是丰富而滋养人的传统……。它流传已久。……你得把它据为己有。"[11]你得把它"据为己有"。迪伦后来透露：

> 我写的这些歌就像推理故事，就是莎士比亚成长时读的那种。我想你可以把我所做的看成是那时候的延续……。这些歌曲并不是凭空想出来的……。它们都生于传统音乐。[12]

这就是超越那些"我们的羽毛"之类喧嚷声的方法——关注如何与过去调谐，与一种传统连线。迪伦在另一处谈到了深夜电台：

> 我记得有次听到主流歌手乐队（the Staple
> Singers）的《没有云的天》。那是我听过的最神秘的一
> 首歌。就好像滚滚的迷雾。那是什么？你该怎么看待
> 它？……我觉得那生命本身就是一个谜。[13]

我出生在迪伦的杜鲁斯市，现居于梅维斯（Mavis，主
流歌手乐队主唱）的孟菲斯市，所以我爱这个想法：主流
歌手的声音经由无线电波，从三角洲地段（the Delta）跨越
第 61 号公路的最高段，直到迪伦的耳中。

"谜"这个词不仅指"神秘的"东西，也指"做手工
活"，就像中世纪的行会中各行各业的师傅们将古老的知识
传递给学徒那样——此类意义在那些行会表演宗教戏剧时
交汇融合。而"制造"一词也反复出现："你怎么才能制造
出那个呢？你得把它据为己有。"

在迪伦的诺贝尔奖致辞中，莎士比亚意义上的"属于
自己的制造"也显露于字里行间：

> 当他创作《哈姆雷特》时，他肯定想到了许多事
> 情："谁是最适合这些角色的演员？""这台戏如何
> 布景？""我真的想把故事放在丹麦吗？"无疑，他
> 那具有创造力的远见和雄心引导着他的思路，但他

也会有更琐碎寻常的问题需要考虑和处理。"有足够的资金吗？""有没有给我的赞助人留出足够好的座位？""我从哪里能弄来一个人的颅骨？"……像莎士比亚一样，我也常常忙碌于创造性的尝试，同时也忙着处理生活的种种琐碎寻常事务。"谁是最适合演唱这些歌曲的艺人？""我是不是选对了录音棚？""这首歌的调子合适吗？"有些事情四百年来从未改变。[14]

（这篇演讲是迪伦"爱与偷窃"的另一个例子——其中几处似乎是从 SparkNotes 网站上摘抄的！）

并没有什么与生俱来的因素让一个来自明尼苏达州北部的犹太孩子与实行种族隔离制度的南方福音家庭调谐，正如没有什么与生俱来的因素让一个来自华威郡的小伙子与遥远时空中的诸多民族调谐，并且，没有什么与生俱来的因素让一个瘸腿的希腊奴隶收集故事并把它们据为己有。另一位曾经是奴隶，凭借自己的才智获得自由的作家特伦斯笔下的一个角色说："我是人：关于人性没有我不了解的。"[15]

詹姆士·鲍德温的作品梳理了一个人在异化（alienation）与所有权（ownership）之间的摇摆往复。在《一个本国小子的笔记》（*Notes of a Native Son*）前的自传体手记中，他透露自己开始时将一种特殊态度……带给了莎士比亚：

> 这些并不真是我的创作，它们并不包含我的故事。我若想在其中寻找自己的影子，那可能永远是白费力气。我是一个闯入的不速之客，这份遗产不属于我。[16]

但他很快话锋一转："我需要让这些白人统治的世纪为我所用，我需要把它们据为己有。"

此处我们再次看到"据为己有"这个表达。在十几年后的修订版中，鲍德温用更加强而有力的语气重申：

> 我需要夺回自己生来就有的遗产继承权。我是时代、境遇、历史所制造出来的那个我，没错，但我也是比那些多得多的存在。我们每一个人都是如此。[17]

"我们每一个人都是如此。"虽然鲍德温所经受的排斥远超迪伦和莎士比亚，但他们的副歌是相同的：成为"文化遗产的天生继承人"[18]。

这种赚取我们的——你们的——共有文化储备可以溯源到久远之时，从塞涅卡（"最好的想法都是共有财产，……无论是谁说过的良言都属于我"）到伊索克拉特斯（"过去的事迹……都是属于我们所有人的遗产"）。[19]你属于这里：你可以"与莎士比亚比肩同席，而他也不会皱眉头"[20]。

让我们回到格林对莎士比亚的污蔑——"自命不凡的乌鸦"。这不仅声称莎士比亚就像一个只会模仿的动物（"鹦鹉学舌"），还意指他根本没有权利使用这些词语，或者进行此类活动。

鲍德温曾为莎士比亚四百周年诞辰庆典撰写了一篇论文，你只要读一读它的标题："我为什么不再恨莎士比亚"[21]，就能注意到这种张力。他回忆起自己年轻时曾认为莎士比亚是个沙文主义者而憎恶他——把他当作参与压制黑人的作家及建筑师中的一员——而鲍德温发现自己"根本没明白"。他发现他对莎士比亚的抗拒是对英语本身的抗拒。鲍德温在法国的那段时间"让我不得不重新与自己的语言建立关系"。（这又是双重翻译的功效！）

> 我对英语语言的不满一直都是因为这门语言并不反映我的经验。但如今我用另一种目光看待这件事。如果这语言不是我自己的，那可能语言本身有问题，但那也是我自己的问题。也许正因为我只是学着模仿，却从未尝试使用它，这语言才不是我的。

鲍德温看到，他必须超越必要的早期模仿阶段，进入下一个阶段，让外在声音内化，使它被调和后变成自己的声音……，这举动使人最终获得自由。这种对莎士比亚的责任感——反应、回答——产生于鲍德温反思蓝调音乐、爵士乐以及忧歌（sorrow songs）的时候：

> 这门语言的权威来自它的坦率、反讽、厚重和节
> 奏。这就是产生了我的语言的权威，它也是莎士比亚
> 的权威。

之后，鲍德温用尖锐批判的洞察作为结尾："因此，我与莎士比亚的语言之关系恰恰揭示了我与自己和过去的关联。"

在消极自由与积极自由之间有一道经典的政治分水岭。它区别了"从……获得自由"（我不再是任何人的奴隶）与"我给……自由"（我是自己的主人）。[22] 一开始，鲍德温寻求从阅读莎士比亚作品中获得自由；但他最终珍视的自由，是将莎士比亚据为己有。这么做的时候，鲍德温在莎士比亚中获得了一种很少有人能达到的共同赏识——"这种内在自由无法以其他方式获得"，只有通过艺术在他人的头脑中栖居。[23]

如今，"自由"（liberal）和"艺术"（arts）都被过于狭隘的引申义限制了，因而不能传达这种课程体系（liberal arts）至关重要的雄心。"自由"一词现在被错误地附加了左派政治立场，"艺术"则被认为指的仅仅是各类工作室中的创造性作品（我得赶紧补充一句，这些确实包含在"人文艺术"的范畴，即使常被恶意中伤）。一位前任大学校

长描述了焦点问题小组谈话的沉重结果，二十位家长中有
十九位

> 一致认为人文艺术指的或是学一些柔软的、"感动
> 人心的"科目，比如心理学而非物理学；或是学一些
> "源自六十年代"的"偏左的"东西。哎呦喂。[24]

但"liberal"的意思只是"自由的"，而"arts"指的则
是更加全面的知识，比如科学，或者知识，或者工艺。历
史上的 artes liberales 是解放的，"自由的技艺"：适于自由
公民的最高层级的思考——"毁灭所有暴君的致命武器"[25]。
这样的一种课程体系建立在以下假设之上：自由是脆弱的，
人们需要保持警醒，且无止息地行使它："没有比学习行使
自由的生涯更为艰辛的了。"[26]

人文艺术并不需要动手的技巧，这一点使它与实用性
劳动不同，后者常由未受过教育的或被剥夺权利的人（常
常是奴隶或者女性）主导，自由的技艺欢迎任何能将我们
从"思维中形成的禁锢"（布莱克语）[27]中解放出来的（无
论是身体的还是智识的）实践。教室中曾用来挂铃的钩子
提醒我们，在那里我们需要"为自由而劳作……。这就是
作为自由的实践的教育"[28]。

当卡利班呼唤自由时，他被喝醉酒的斯蒂番诺蒙骗，
大声唱道："思想要自由。"[29]这句短语"体现了剧作家一

处最为大胆和工于心计的反讽"[30]。正是在这个时刻，卡利班并不是自由的——他不过是过渡到一个新主人手下的奴隶。真正的自由不仅意味着不被任何人奴役，而且意味着做自己的主人。

如下是那句短语的一些话外之音：

> "思想要自由"；话语不是。
>
> "思想要自由"——他们倒是这么说。
>
> "思想要自由"，就由它随意游荡吧。
>
> "思想要自由"，没有思想也是自由的。
>
> "思想要自由"，只要你配得上。
>
> "思想要自由"，但要真正的自由意味着劳苦。
>
> "思想要自由"，只要你把思想的障碍移开。
>
> "思想要自由"，但实现这自由需要一些基础架构。

"思想要自由"是一句谚语，可以追溯至西塞罗的时代；莎士比亚本人也引用过它。[31]它出现在詹姆士王（King James）写的第一首诗中："既然思想是自由的，随便你怎么想。"[32]西班牙教育家胡安·路易斯·韦弗斯（Juan Luis Vives）把它当作至理名言：

> 思想是自由的。谁能通过蛮力让思想产生呢？真理的力量……。所有人都是平等的。[33]

即使这短短的谚语，也显示智识自由的技艺产生于与过去的思想者的持续对话——用马丁·路德·金那不断回响的语词来说，"通过后退而前进"[34]。

金的一生都在重塑莎士比亚，尤其令人印象深刻的是他的"我有一个梦想"演说："在这个闷热的夏季，黑人的不满是合法的。"[35] 金比任何人都明白：

> 批判性思维意味着个体必须进行富于想象力、创造性和原创性的思考。原创性是教育的基本组成部分。但这并不意味着你必须想出全新的东西来；若是如此，莎士比亚就不具有原创性，因为莎士比亚从普鲁塔克和别的人那里借来许多剧情。原创性并不意味着想出什么宇宙中从未存在的东西，但它确实意味着给旧的形式赋予新的生命力。[36]

"给旧的形式赋予新的生命力"——这就是我们所需要的莎士比亚式精神。教育应当教我们掌握行使自由的技艺，帮助我们通过效法优秀的范本最大限度地实现制造的能力，并扩展我们的思维和语言。任何别的东西都是在给我们与生俱来的遗产继承权打折扣。用金对莎士比亚的复述来说：

"偷我自由的人抢走了我的宝贵之物。他自己并不会得到什么，却使我变得贫穷了。"灵魂中有一些东西呼唤自由。[37]

注释

1　《伊索因言［原题如此］合乎文法的翻译》(*Esops Eables [sic] translated grammatically*)，1617 年，第 20 页。

2　《伊索寓言及其他著名神话》(*Fables of Aesop and Other Eminent Mythologists*)，1669 年，第 32 页。

3　《格林的四分钱机智，用一百万的悔改买来的》(*Greenes, groats-vvorth of witte, bought with a million of repentance*)。这一篇以及其他有关莎士比亚生平的原文献扫描版都可以在弗尔哲莎士比亚图书馆 (Folger Shakespeare Library) 的"莎士比亚文献记录" (*Shakespeare Documented*) 收藏中看到：https://shakespearedocumented.folger.edu/exhibition/document/greenes-groats-worth-witte-first-printed-allusion-shakespeare-playwright。

4　《亨利六世 下》(第一幕第四场第 137 行)。

5　罗伯特·谢尔顿 (Robert Shelton)，《鲍勃·迪伦：归家无路》(*Bob Dylan: No Direction Home*)，公共汽车出版社 (Omnibus)，2011 年，第 197 页；苏珊·托马赛莉 (Susan Tomaselli)，引自马丁·道尔 (Martin Doyle)，《鲍勃·迪伦的诺贝尔奖分裂了爱尔兰作家与文学评论家》(Bob Dylan's Nobel Prize Divides Irish Writers and Literary Critics)，《爱尔兰时代》(*Irish Times*)，2016 年 10 月 13 日。

6　罗伯特·洛夫（Robert Love），鲍勃·迪伦访谈，《独立报》（*Independent*），2015 年 2 月 7 日。

7　《谎言》（Lies），《诗歌的力量》（*The Force of Poetry*），柯莱伦登出版社（Clarendon Press），1984 年，第 375 页。

8　与米凯尔·吉尔莫尔（Mikal Gilmore）的访谈，《被解缚的鲍勃·迪伦》（Bob Dylan Unleashed），《滚石》（*Rolling Stone*），2012 年 9 月 27 日。

9　如多纳图斯（Donatus）在《维吉尔传》（*The Life of Virgil*）中所叙述的，D. A. 罗素（D. A. Russell）译，《古典批评》（*Criticism in Antiquity*），加利福尼亚大学出版社（University of California Press），1981 年，第 189 页。

10　根据皮特·西哲（Pete Seeger）的叙述，《约翰尼·艾珀西德》（Johnny Appleseed, Jr.），《大声唱》（*Sing Out*）第 23 期（1974 年），第 22 页。

11　与米凯尔·吉尔莫尔的访谈，《被解缚的鲍勃·迪伦》。

12　兰德尔·罗伯茨（Randall Roberts），《2015 年格莱美：鲍勃·迪伦的 MusiCares 年度人物演讲稿》（Grammys 2015: Transcript of Bob Dylan's MusiCares Person of Year Speech），《洛杉矶时报》（*Los Angeles Times*），2015 年 2 月 7 日。

13　罗伯特·洛夫（Robert Love），《鲍勃·迪伦：未删减访谈》（Bob Dylan: The Uncut Interview），《AARP 杂志》（*AARP The Magazine*），2015 年 2 月 /3 月；杰夫·布尔杰（Jeff Burger）重印，《迪伦谈迪伦：访谈与偶遇》（*Dylan on Dylan: Interviews and Encounters*），芝加哥评论出版社（Chicago Review Press），2018 年，第 350 页。

14　《亨利四世 下》（尾声，第 4 行）。或者，引自《凤凰与乌龟》（*The Phoenix and the Turtle*）："他们都是对方的矿藏"（第 36 页）。鲍勃·迪伦，诺贝尔奖宴席演说（Nobel Banquet

speech, 2016 年 12 月 10 日）: https://www.nobelprize.org/
nobel_prizes/literature/laureates/2016/dylan-speech_en.html。

15 《霍顿·提莫鲁门诺斯》(*Heauton Timorumenos*)（自我折磨
者）。安东尼·阿皮亚（Anthony Appiah）将特伦斯的话描
述成"好像世界主义者的黄金法则一样"。《世界主义：陌
生人世界中的伦理》(*Cosmopolitanism: Ethics in a World of
Strangers*)，诺顿出版社（Norton），2007 年，第 111 页。

16 《一个本国小子的笔记》(*Notes of a Native Son*)，灯塔出版社
（Beacon Press），1955 年，第 10 页。

17 灯塔出版社（Beacon Press），1984 年，第 xii 页。

18 温德尔·贝里（Wendell Berry），《美国的不安：文化与农业》
(*The Unsettling of America: Culture and Agriculture*)，兰登书
屋（Random House），1977 年，第 157 页。

19 塞涅卡（Seneca），《致卢西里乌斯的道德书简：第一至
六十一卷》(*Ad Lucilium epistulae morales: Books I–LXI*)，理
查德·M. 贾米尔（Richard M. Gummere）译，威廉·海涅
曼出版社（William Heinemann），1917 年，第 73 页、第 107
页；伊索克拉特斯（Isocrates），《颂词》(*Panegyricus*)，乔
治·诺林（George Norlin）译，勒博古典文库（Loeb Classical
Library），1930 年，第 9 页。

20 W. E. B. 杜波依斯（W. E. B. Du Bois），《黑人的灵魂》(*The
Souls of Black Folk*, 1903)，亨利·路易斯·盖茨（Henry
Louis Gates, Jr.）编，牛津大学出版社（Oxford University
Press），2014 年，第 80 页。正如 W. 萨默塞特·毛姆（W.
Somerset Maugham）坚持认为的：

对于过去的伟人，如但丁、提香、莎士比亚、斯宾诺莎等，
我们能够给他们的最高致意不是带着敬畏对待他们，而是带
着亲切感，把他们当成现代人。如此，我们就向他们致以最

高的赞赏；这种亲切感承认他们对我们而言仍然活着。
《总而言之》（*The Summing Up*，1938），威廉·海涅曼出版社（William Heinemann），1954年，第271页。

21 《赎罪的十字架》（*The Cross of Redemption*），兰德尔·柯南（Randall Kenan）编，古典出版社（Vintage），2010年。鲍德温的论文可以在网上阅览：http://aalbc.com/authors/why_i-stopped_hating_shakespeare.html。

22 以赛亚·伯林（Isaiah Berlin），《两种自由的概念》（Two Concepts of Liberty），《四篇关于自由的论文》（*Four Essays on Liberty*，1958），牛津大学出版社（Oxford University Press），1969年，第118–172页。

23 恩斯特·卡西尔（Ernst Cassirer），《人论》（*An Essay on Man*），双日出版社（Doubleday & Co.），1953年，第149页；引自杰弗里·加尔特·哈凡（Geoffrey Galt Harpham）的《你意下如何，拉米雷先生？教育的美国革命》（*What Do You Think, Mr. Ramirez? The American Revolution in Education*），芝加哥大学出版社（University of Chicago Press），2017年，第34–35页。

24 约翰·斯特拉斯伯格（John Strassburger），《对于人文艺术来说，只有修辞学是不够的》（For the Liberal Arts, Rhetoric Is Not Enough），《高等教育年鉴》（*Chronicle of Higher Education*），2010年2月28日。（那熟悉的鄙视"修辞"的论点，又来了！）

25 汉萨·尤瑟夫（Hamza Yusuf），《不自由时代的人文艺术：从感觉与欲望的锁链中解放思想》（The Liberal Arts in an Illiberal Age: Freeing Thought from the Shackles of Feeling and Desire），《复兴：札图纳学院期刊》（*Renovatio: The Journal of Zaytuna College*），2018年12月18日。

26　阿莱克西·德·托克维尔（Alexis de Tocqueville），《论美国的民主》（*Democracy in America*，1835）第一卷，古典出版社（Vintage），1960 年，第 256 页。

27　《伦敦》（London），《天真与经验之歌》（*Songs of Innocence and Experience*），1794 年：https://www.bl.uk/romantics-and-victorians/articles/looking-at-the-manuscript-of-william-blakes-london。

28　《教导越界》（*Teaching to Transgress*），劳特利奇出版社（Routledge），1994 年，第 207 页。

29　《暴风雨》（第三幕第二场第 116 行）。

30　约翰·贝里曼（John Berryman），《诗人的自由》（*The Freedom of the Poet*），法拉尔、施特劳斯与吉鲁出版社（Farrar, Straus and Giroux），1976 年，第 81 页。

31　《第十二夜》（第一幕第三场第 63 行）。见莫里斯·帕尔默·提利（Morris Palmer Tilley），《伊丽莎白时期的谚语风俗》（*Elizabethan Proverb Lore*），麦克米伦出版社（Macmillan & Company），1926 年，第 303 页。

32　引自海伦娜·门妮·夏尔（Helena Mennie Shire），《詹姆士六世治理下的苏格兰宫廷歌舞与诗》（*Song, Dance and Poetry of the Court of Scotland under King James VI*），剑桥大学出版社（Cambridge University Press），1969 年，第 86 页。

33　凯瑟琳·克缇斯（Catherine Curtis）译，《胡安·路易斯·韦弗斯的社会与政治思想》（The Social and Political Thought of Juan Luis Vives），《胡安·路易斯·韦弗斯导读》（*A Companion to Juan Luis Vives*），查尔斯·凡塔兹（Charles Fantazzi）编，博睿出版社（Brill），2008 年，第 143–154 页。

34　在戴克斯特街浸信会教堂的布道，1954 年 4 月 4 日。马丁·路德·金研究与教育机构已发布他所有的演说和布道：http://

kingencyclopedia.stanford.edu/。

35 《理查三世》(第一幕第一场第 1 行)。在华盛顿就业与自由游行上发布的"我有一个梦想"(I Have a Dream)演说,1963年 8 月 28 日。

36 "继续离开这座山"(Keep Moving from This Mountain),在史贝尔曼学院发表的演说,1960 年 4 月 10 日。

37 《奥赛罗》(第三幕第三场第 157-159 行)。"一个新国家的诞生"(The Birth of a New Nation),在戴克斯特街浸信会教堂的布道(1957 年 4 月 7 日)。

书架上的亲人们

> 一位作家为了写作会把最大一部
> 分时间用于阅读;一个人为了写一本
> 书会把大半个书房翻一遍。
>
> ——塞缪尔·约翰逊(Samuel
> Johnson),《鲍斯威尔生平》(*Boswell's
> Life*,1791)

莎士比亚时代的读者感到不堪重负,"要读的书如此之多,简直没时间把它们的标题通读一遍"[1]。

为了从"要知道的太多"[2]的困境中逃离,他们创造了各种通向知识的捷径:选集,美文赏析,评论文集,全集,字典,百科全书,摘要录,杂选集,生词表。作家们从这些摘编本中偷走自己需要的,因而他们是否读过整本书,如今已无人知晓。莎士比亚似乎就曾任意使用托马斯·库珀在1565年出版的《同义词库》(*Thesaurus*),Thesaurus

也被称为"词汇金库"（treasury of words）。

这些捷径曾经以手册（manuals）的形式出现，即专为实用功能设计出的导引书：不仅实用性强（用于手工活）而且易携带（就在手边）。詹姆士·桑福德（James Sanford）在 1567 年出版的《爱彼克泰德手册》（*The Manuell of Epictetus*）是这样为其标题加注解的：

> （亲爱的读者，）这本书被称为一本手册。"手册"这个词来自拉丁语 *manuale*，而在希腊语中叫做 *Enchyridion*，因为它小到可以被人拿在 ενχειρι（手中）。它来自手（manus）这个词附加表示缩小的词尾，因为它就像一个仓库，而且应当常被拿在手中，就像剑上的手柄一样。

不过，每当文艺复兴时期的教育手册被修订，它们的内容总趋向被扩充。（如今的教科书出版业也没怎么改变！）比如，伊拉斯谟的《语录》（*Adagia*）第一版中收录了 818 句箴言和词条，它的最后一版竟然变得有 4151 条那么臃肿。帕斯卡尔（Blaise Pascal）表达过这样的意思，即写一本短小精悍的书比编一本巨著更难。[3]

我希望《像莎士比亚一样思考》能像手边册子那样方便实用——借用歌手"王子"（Prince）的甜美之词，即那"为杰出共同体服务的手册"[4]。因而，我在此列出诸多帮助过我提炼自己的想法的作家。艾米莉·迪金森（Emily Dickinson）说出了我想说的话："我要感谢这些书架上的亲人们。"[5]

一、思考

汉娜·阿伦特通过区分思考、知识以及判断，表达了一种审慎的盼望，即思考能够"预防重大灾难，至少对我而言，在那些极少出现的重大危机时刻是这样的"[6]。我从阿伦特那问题重重的老师马丁·海德格尔（Martin Heidegger）那里听到的最喜欢的一句话，来自他那堂名为"什么叫做思考？"的课（1952年）："也许思考也如同建造一个储藏柜。无论如何，它是一种技艺，是'手艺活儿'。"

约翰·杜威的《我们如何思考》（*How We Think*，1910）是常被引用的作品，但我觉得他文风浮夸。玛丽·卡卢塞尔（Mary Carruthers）的《思考的技艺》（*The Craft of Thought*，1998）展示了为何"人们并不'拥有'想法，他们'制造'想法"。亚瑟·叔本华（Arthur Schopenhauer）的章节《论为自己思考》（On Thinking for Oneself，1851）以怀疑的目光看待过量阅读，并以亚历山大·蒲柏的《愚人记》（*Dunciad*）中的话引证："总是在阅读，却从不会被人读！"（3.194）。

针对阅读的认知研究有时承诺简单的答案，但艾米·库克（Amy Cook）、玛丽·托马斯·克莱恩（Mary Thomas Crane）、菲利普·戴维斯（Philip Davis）、亚瑟·肯尼（Arthur Kinney）、拉斐尔·莱恩（Raphael Lyne）、威廉·普尔（William Poole），以及琳·特里布尔（Lyn Tribble）的论著避免了落入机械的论调中。莱恩维护着一个有用的网站，"文学知道哪些关于你的大脑的事"：https://www.english.cam.ac.uk/research/cogblog/。

百利·伊德尔斯坦恩（Barry Edelstein）、茱莉亚·拉普顿（Julia Lupton）、A. D. 纳塔尔（A. D. Nuttall），以及迈克尔·威特摩尔（Michael Witmore）都曾通过戏剧、政治神学、哲学以及形而上学对莎士比亚的思考进行考究。苏珊·斯图尔特（Susan Stewart）的《诗人的自由》（*The Poet's Freedom*，2011）以及莱吉纳尔·吉本（Reginald Gibbon）的《诗如何思考》（*How Poems Think*，2016）亦值得一读。

T. W. 鲍德温（T. W. Baldwin）的全面研究，《稀疏的拉丁文与极少的希腊文》（*Small Latine & Lesse Greeke*，1944）仍然是研究莎士比亚的阅读经验的必读之作（这本书的推崇者包括莱昂纳多·巴尔坎［Leonard Barkan］、乔纳森·贝特［Jonathan Bate］、克林·巴罗［Colin Burrow］、斯图亚特·吉列斯皮［Stuart Gillespie］、查尔斯·马丁戴尔［Charles Martindale］、罗伯特·米奥拉［Robert Miola］，以及莉亚·威廷顿〔Leah Whittington〕）。关于莎士比亚最喜爱的同时代作家，莎拉·贝克威尔（Sarah Bakewell）的著作《如何生活，或二十种试图回答一个问题的蒙田传》（*How to Live, or a Life of Montaigne in One Question and Twenty Attempts at an Answer*，2010），提供了颇具魅力的介绍。

很多人曾沉思这一问题，即莎士比亚为什么能"让读者思考"，并"学会发挥英语语言的全部效力"[7]。詹姆斯·夏皮洛（James Shapiro）的《莎士比亚在美国》（*Shakespeare in America*，2014）以及西奥多·莱恩文德（Theodore Leinwand）的《伟大的威廉：作家阅读莎士比亚》（*The Great William: Writers Reading Shakespeare*，2016）收集了这些回响。艾玛·史密斯（Emma Smith）在《这就是莎士比亚》（*This Is Shakespeare*，2019）中探究了"莎士比亚的戏剧提供广阔的思考空间的多种方式"。

探讨过他们自己的思考过程的科学家有：康拉德·哈尔·沃丁顿（Conrad Hal Waddington）的《思考的工具》（*Tools for Thought*，1977），大卫·J.海尔范德（David J. Helfand）的《错误信息时代的生存指南》（*A Survival Guide to the Misinformation Age*，2016），以及杰克·奥利维（Jack Oliver）的《发现之术的不完全指南》（*The Incomplete Guide to the Art of Discovery*，1991），他的口头禅是"想要发现，就得表现得像个发现者"。托马斯·文（Thomas

Wynn）以及弗雷德里希·L. 古力奇（Frederick L. Coolidge）的《如何像一个尼安德特人一样思考》（*How to Think Like a Neandertal*，2013）结合了古生物学，以及关于早期工艺实践与工具使用的推测。

就像亚瑟·科斯特勒（Arthur Koestler）的《创造的行为》（*The Act of Creation*，1964）那样，罗伯特与米凯勒·鲁特－伯恩斯坦（Robert and Michèle Root-Bernstein）的《天才的灵光》（*Sparks of Genius*，2009）跨越了时代与学科的界限。查尔斯·P. 科提斯（Charles P. Curtis，Jr.）以及菲利斯·格林斯莱特（Ferris Greenslet）的《实践的沉思者；或，思考者的选集》（*The Practical Cogitator; or, The Thinker's Anthology*，1945；1983）是本不错的沙漠绿洲般的书。玛丽亚·波波娃（Maria Popova）的名为"绞尽脑汁"（Brainpickings）的博客收集了来自充满想法的制造者的启发性篇章。

二、目的

若我可以让每一位教育者、立法者、学生以及家长阅读一篇论文作为作业，那论文就是 E.D. 赫希（E. D. Hirsch）的《知识为何重要》（*Why Knowledge Matters*，2016）的前言，"三种想法的暴政"：http://hepg.org/HEPG/media/Documents/Introductions/Hirsch_Why-Knowledge-

Matters_Prologue.pdf?ext=.pdf。赫希被诽谤为一个反动者，但他循序渐进地为这样的论点做了辩护，即习得知识与词汇是关乎公民权利的问题。

乔纳森·科佐尔（Jonathan Kozol）在《野蛮的不平等》（*Savage Inequalities*，1991）中否定了一种幻想，即任何学校只要有了恰当的努力、恰当的教师、恰当的课纲、恰当的测评、恰当的技术、恰当的管理、恰当的⋯⋯，除了改善贫穷处境，都能依靠自己实现"优秀"。诺力威·卢克斯（Noliwe Rooks）的《切开学校》（*Cutting School*，2017）展示了由于自上而下的改革而加剧的种族与阶级差异。约翰·尼姆（Johann Neem）的《民主的学校》（*Democracy's Schools*，2017）调查了公立教育的历史，以更好地评测其未来。

狄安娜·拉维奇（Diane Ravitch）曾经推崇全国性考试方案，但现在却成了最主张批判这些方案的人之一。尼古拉斯·坦皮奥（Nicholas Tampio）在《共同核心州立标准》（*Common Core*，2018）一书中记述了问责热潮所造成的不良效果。杰瑞·Z. 穆勒（Jerry Z. Muller）的《度量的暴政》（*The Tyranny of Metrics*，2018）一书评估了我们对测验究竟有多痴迷。奥黛丽·华特斯（Audrey Watters）的《教学机器》（*Teaching Machines*，2020）记录了人们长久以来的将学习机械化的渴望。

马修·斯图尔特（Matthew Stewart）在《管理的神话》

（*The Management Myth*，2009）中推翻了"科学化管理"，包括揭露了弗雷德里克·温斯洛·泰罗（Frederick Winslow Taylor）伪造数据的证据。

黛西·克里斯托都娄（Daisy Christodoulou）在《关于教育的七个神话》（*Seven Myths about Education*，2014）中提供了广受欢迎的修正，类似的著作还有大卫·狄都（David Didau）的《万一你所知道的关于教育的一切都是错的呢？》（*What If Everything You Knew about Education Was Wrong?*，2015）。反对者的应答则聚焦于学校的益处。其中我最爱的一些著作包括亚历山大·麦克勒约翰（Alexander Meiklejohn）的《实验性大学》（*The Experimental College*，1928），多萝西·塞耶斯（Dorothy Sayers）的《遗失了的学习工具》（*The Lost Tools of Learning*，1947），保罗·古德曼（Paul Goodman）的《义务的错教育与学者共同体》（*Compulsory Mis-Education and the Community of Scholars*，1964），以及伊凡·伊里奇（Ivan Illich）的《去学校化社会》（*Deschooling Society*，1970）。

我敬仰阿拉斯代尔·麦金太尔（Alasdair MacIntyre）对当今世界中不成比例的繁杂目的的考察，包括他坚持认为"教学本身不是一种实践，而是一套服务于多种多样的实践的技巧和习惯"[8]。

乔治·普顿厄姆（George Puttenham）的《英语诗歌艺术》（*The Arte of English Poesie*，1589）包括一些有趣

的古典修辞英语化的例子。《修辞的森林》（*The Forest of Rhetoric*）则编录了四百多条修辞手法：http://rhetoric.byu.edu。

而阿蒂娜·阿尔瓦图（Adina Arvatu）和安德鲁·阿伯丹（Andrew Aberdein）所作的《修辞：说服的艺术》（*Rhetoric: The Art of Persuasion*，2015）属于迷人的伍登图书系列：http://www.woodenbooks.com。

三、手艺

马修·克劳福德（Matthew Crawford）、大卫·伊斯特利（David Esterly）、彼得·科恩（Peter Korn）、帕梅拉·朗（Pamela Long）、朱丽叶·麦克唐纳德（Juliette MacDonald）、卡尔·波利亚尼（Karl Polyani）、理查德·赛耐特（Richard Sennett）、帕梅拉·史密斯（Pamela Smith）和艾尔斯佩斯·惠特尼（Elspeth Whitney）都帮我形成了关于手艺的思考。坦尼亚·哈罗德（Tanya Harrod）的选集《手艺》（*Craft*，2018）是很好的起点。亚历山大·朗兰兹（Alexander Langlands）的《匠工》（*Craeft*，2018）讲述了他如何复兴工匠的做法。道格·斯托韦（Doug Stowe）的博客"手的智慧"（Wisdom of the Hands）把木工活与儿童的智力发展联系起来：http://wisdomofhands.blogspot.com。

我打赌，你若是看到纪录片《山村犹有读书声》（To

Be and to Have，2002）中那位在只有一间教室的学校中教学的老师那温柔的大师技巧，很难不流泪。而纪录片《寿司之神》（Jiro Dreams of Sushi，2011）虽然与教育没有明显的联系，却是手工艺实践的典范。

四、合宜

麦克·莱德伍德（Mike Redwood）的《手套与手套制作》（*Gloves and Glovemaking*，2016）考察了英国手套工的历史。罗伯特·盖德斯（Robert Geddes）的《合宜：一位建筑师的宣言》（*Fit: An Architect's Manifesto*，2012）短小精湛，令人赞叹。论及纺织作为诗学、婚姻以及治国技巧的比喻，可参考约翰·沙伊德（John Scheid）与加斯帕·斯文布罗（Jesper Svenbro）合著的《宙斯的手艺》（*The Craft of Zeus*，1996）。

五、场所

克里斯托弗·亚历山大提醒我们以人为本的场所为何重要。其第一部作品《一种格式的语言》（*A Pattern Language*，1977）解释了人们为什么渴求两面有光的房间。而后在《秩序之本》（*The Nature of Order*，2003）中展示了几乎是全新的宇宙学。爱德华·凯西（Edward Casey）的著作启发了一代人对"回归场所"的思考。关于学校之为skhole，参见约瑟夫·派博（Josef Pieper）的《作为文化基础的闲暇》（*Leisure the Basis of Culture*，1948），以及大卫·C.哈奇森（David C. Hutchison）的《教育中的场所的自然历史》（*A Natural History of Place in Education*，2004）。弗朗西斯·叶慈（Frances Yates）的《记忆之艺》（*The Art of Memory*，1966）重构了场所/记忆空间（loci）方法。

六、专注

许多人有关于注意力工业过度扩张的著述，包括约书亚·柯恩（Joshua Cohen）、理查德·兰厄姆（Richard Lanham）、珍妮·奥戴尔（Jenny Odell）、迦勒·史密斯（Caleb Smith）、詹姆斯·威廉姆斯（James Williams）、玛丽安娜·伍尔夫（Maryanne Wolf），以及蒂莫西·吴（Timothy Wu）。马修·克劳福德在《你头脑外的世界》（*The World beyond Your Head*，2014）中充满激情地争辩说，我们应当把专注力当作公共资源保护，正如我们保护空气与水这些公共资源一样。早在1971年，诺贝尔经济学奖得主赫伯特·西蒙（Herbert Simon）就指出了过量信息与我们有限的专注力之间不对等的关系。米哈里·契克森米哈赖（Mihaly Csikszentmihalyi）在《心流》（*Flow*，1990）中推行最优体验的心理学，即我们应当为后代保留的那种浸入式专注。威廉·詹姆士的《与教师的谈话》（*Talks to Teachers*，1899）突出了教育中专注性实践的需要。

七、技术

雅克·伊拉尔（Jacques Ellul）推动我们理解"技术"为什么远远超越最新的电子配件。受伊拉尔启发，唐纳德·菲利普·瓦琳（Donald Philip Verene）问道："在线教育是否立足于一个错误之上？"而后回答说："的确如此。"[9]乌尔苏拉·富兰克林（Ursula Franklin）的《技术的真实世界》（*The Real World of Technology*，1999）揭示，技术不仅是对象，也是实践和结构，并区分了整体性技术与规范性技术。

下面的这个博客（我没能辨认出博主）时而给我灵感，时而令我绝望：http://www.digitalcounterrevolution.co.uk。

詹姆斯·布里德尔（James Bridle）的《新黑暗时代》（*The New Dark Age*，2018）也有这样的效果。

> 我们今日与巨大的知识储备相连，但我们却没有学会思考。事实上，正相反：那本意是用于点亮世界的，到头来却让世界变得更加黑暗。……我们只需要思考，再思考，不住地思考。

八、模仿

请阅读爱默生的《名言与原创性》，以及塞涅卡写给卢西里乌斯的第 84 封信，它们令流传已久的"蜜蜂"比喻显得更为甜蜜。关于模仿和"双重翻译"，可参考罗杰·埃夏姆（Roger Ascham）的《教师》（*The Schoolmaster*，1570）。多娜·格莱尔（Donna Gorrell）在《写作的自由——通过模仿》（Freedom to Write – through Imitation，1987）中将这些实践用于现代教学法：https://wac.colostate.edu/jbw/v6n2/gorrell.pdf。

正如尼尔·赫尔兹（Neil Herz）曾指出的那样，人们常能抓住学校抄袭其他学校关于反抄袭的指南！托马斯·马龙（Thomas Mallon）的《偷来的话》（*Stolen Words*，1989）和罗伯特·肖尔（Robert Shore）的《乞讨、偷窃和借用：反对原创性的艺术家》（*Beg, Steal, and Borrow: Artists against Originality*，2018）都探索了审美实践；奥斯汀·克里昂（Austin Kleon）的《像艺术家那样偷窃》（*Steal like an Artist*，2012）帮助你把这些做法用于实践中。约翰·克里甘（John Kerrigan）在《莎士比亚的原创性》（*Shakespeare's Originality*，2018）中书写了的一段充满恩典的历史。正如克林·巴罗的《模仿作者：从柏拉图到未来》（*Imitating Authors: Plato to Futurity*，2019）承诺面面俱到，但它并未及时出版，我因不能模仿它而感到松了一口气。我可以起誓担保我是在起草了自己的想法之后才发现格里高利·罗珀（Gregory Roper）的《作家工作坊：模仿以更好地写作》（*The Writer's Workshop: Imitating Your Way to Better Writing*，2007）——英雄所见略同，我们也一样。

九、练习

预热练习法的翻译版可参见 G. A. 肯尼迪（G. A. Kennedy），《预热练习法：希腊散文写作与修辞课本》（*Progymnasmata: Greek Textbooks of Prose Composition and Rhetoric*，2003）。尼克·威尔斯（Nick Wells）在《如何像伊丽莎白时代的冠军那样教书》（How to Teach Like an Elizabethan Champion，题目戏仿勒莫夫［Lemov］的"像冠军一样教书"［*How to Teach Like a Champion*，2010］）中提供了预热练习法的现代类比：https://englishremnantworld.wordpress.com/how-to-teach-like-an-elizabethan-champion/。

J. 大卫·弗莱明（J. David Fleming）督促我们复兴这种全面的修辞训练。凯西·伯肯斯坦（Cathy Birkenstein）和杰拉德·格拉夫（Gerald Graff）的《他们说 / 我说》（*They Say/I Say*，2005）提供了一个由模板带动的作文方法；阿拉斯代尔·富勒（Alastair Fowler）的《如何写作》（*How to Write*，2006）则不那么死板。

十、谈话

就在一个恰当的时机，我了解了斯坦利·贾维尔（Stanley Cavell）的哲学，后者将"谈话"视作一同思考共同体、政治和世界的比喻。阅读他的《对幸福的追求》（*Pursuits of Happiness*，1984），最好同时观赏好莱坞再婚喜剧以及它们的"未经彩排的智力冒险"[10]。

大卫·兰德尔（David Randall）在两卷本《谈话的概念》（*The Concept of Conversation*，2018—2019）中追溯了从西塞罗的《讲话》（*Sermo*）到启蒙时代的谈话概念。史蒂芬·米勒（Stephen Miller）的《谈话：没落中的艺术的历史》（*Conversation: A History of a Declining Art*，2006）覆盖更广泛，从柏拉图到今日，并包含更多趣闻轶事。塞莱斯特·海德利（Celeste Headlee）的《我们需要交谈》（*We Need to Talk*，2017）对如何恢复这项艺术提供了实用步骤。

十一、储备

比起含义凝重的"传统"一词，我更喜欢用"储备"。前者在一个世纪以前已经被 T. S. 艾略特如此嘲讽："这个词大概很少出现在审查性的表达之外"（《传统与个人才能》[Tradition and the Individual Talent]，1921）。塞斯·利乐（Seth Lerer）的《传统》（*Tradition*，2016）强调这一概念在文学研究中的遗留。至于"创作",见罗兰·格林(Roland Greene)的同名篇章,收录于《五个词:莎士比亚与塞万提斯时代的批判性句法》(*Five Words: Critical Semantics in the Age of Shakespeare and Cervantes*,2013)。

尼古拉斯·卡尔(Nicholas Carr)整理了有关"网络对我们的大脑做了什么"的全部文献;而威廉·庞德斯通(William Poundstone)在《头在云雾里:为什么当事实如此容易搜索时,知道一些事情还是很重要》(*Head in the Cloud: Why Knowing Things Still Matters When Facts Are So Easy to Look Up*,2017)中,山姆·万伯格(Sam Wineburg)在《为什么学习历史(当你已经能在手机上查到它)》(*Why Learn History [When It's Already on Your Phone]*,2018)中,都谈论了"储备"的贬值。乔治·W. S. 特劳(George W. S. Trow)的《在无语境的语境中》(*Within the Context of No Context*,1980)谈及电视时,对我们当下的时代说:"地狱就是无物与无物相连之处。"[11]

十二、约束

在此我还是要推荐克里斯托弗·亚历山大的《一种格式的语言》(*A Pattern Language*),关于在限制中工作——或者,更好地,不把它们当成限制,而是当作助人一臂之力的内在结构。《论成长与形式》(*On Growth and Form*,

1917）是数学生物学家达西·温特沃兹·汤普森（D'Arcy
Wentworth Thompson）的研究著作；一本更易读的著作是
菲利普·保尔（Philip Ball）的《自然中的格式：为什么
自然看起来是这样的》（*Patterns in Nature: Why the Natural
World Looks the Way It Does*，2013）。要思考日常生活中
的约束，参考亚当·摩根（Adam Morgan）和马克·巴
登（Mark Barden）的《一个美丽的约束》（*A Beautiful
Constraint*）。约翰·埃尔斯特（John Elster）的研究《尤利
西斯与塞壬女妖》（*Ulysses and the Sirens*，1979；1984）与
它的续集《解绑的尤利西斯》（*Ulysses Unbound*，2000）从
社会科学的角度察考了对人有益处的约束。

十三、制造

伊万·博兰（Eavan Boland）与马克·斯特兰德（Mark
Strand）合作写成的《一首诗歌的制造》（*The Making of a
Poem*，2001），收集整理了传统形式。我在毫不知情的情
况下收集的名人名言，其中许多恰好都是爱德华·赫希
（Edward Hirsch）在《诗人的选择》（*Poet's Choice*，2006）
中的"作为制造者的诗人"（Poet as Maker）一章引用过
的。彼得·多默（Peter Dormer）的《制造者的艺术》（*The
Art of the Maker*，1994）看得更清楚，并且与大卫·派
（David Pye）的《自然与工匠艺术》（*The Nature and Art of*

Workmanship，1968）相合。英国广播公司与大英博物馆联合制作的《影响世界的 100 件文物》（*History of World in 100 Objects*）详细察考了面向制作的那种思考。"制造者运动"（Maker Movement）造出了许多口号（如克里斯·安德森［Chris Anderson］和马克·海奇［Mark Hatch］写的那些），也产出了许多线上教育资料和对创客空间的建议等；多数专注于科技、工程、数学方面。黛比·查克拉（Debbie Chachra）在《为何我不是一个制造者》（Why I Am Not a Maker,《大西洋月刊》［*Atlantic*］，2015 年 1 月 23 日）中批判了人们对制造的过度迷恋及对不那么华丽的"培养"和"维护"过程的相对忽视。帕梅拉·史密斯（Pamela Smith）则领导了"制造与了解项目"（The Making and Knowing Project），以恢复手工艺和科学的互惠关系：https://www.makingandknowing.org。

十四、自由

汤姆·霍奇金森（Tom Hodgkinson）的《如何得自由》（*How to Be Free*，2007）是一本有着莎士比亚戏剧般活泼风格的自助书籍；在同样标题的较短版本的书中（2018 年出版）可以找到关于爱彼克泰德的斯多葛主义的内容。伊万·弗妮（Ewan Fernie）、史蒂芬·格林布拉特（Stephen Greenblatt），以及保罗·科特曼（Paul Kottman）撰写了关于莎士比亚及自由的著述。厄尔·肖利斯（Earl Shorris）创建了克莱门特人文学科课程（the Clemente Course in the Humanities），在《穷人的财富》（*Riches for the Poor*，2000）和《自由的艺术：给穷人教授人文学科》（*The Art of Freedom: Teaching the Humanities to the Poor*，2013）中都有提及。布鲁斯·金宝尔（Bruce Kimball）的《演说家与哲学家》（*Orators & Philosophers*，1995）叙述了关于文科教育的一些辩论；他的《文科传统：档案历史》（*The Liberal Arts Tradition: A Documentary History*，2010）展示了一手材料，方便你自己与其展开交流。

∽ 注释 ∾

1　安东弗兰切斯科·多尼（Antonfrancesco Doni），1550 年，引自乔夫·南伯格（Geoff Nunberg），《知识的组织》（The Organization of Knowledge），《信息历史》（*History of Information*），第 218 期（2010 年 2 月 18 日）：http://courses. ischool.berkeley.edu/i218/s12/SLIDES/COFIKnowlM13-12GNb. pdf。

2　安·布莱尔（Ann Blair）从《爱的徒劳》（第一幕第一场第 93 行）盗取了这句话，用作她对过载信息回应的研究标题《要知道的太多：现代之前的学术信息管理》（*Too Much to Know: Managing Scholarly Information before the Modern Age*），耶鲁大学出版社（Yale University Press），2010 年。

3 "我没有把这一封信写得比其他信件更长，但我也没有时间把它写得比现在更短了。"

　1658 年的英语翻译，引自引语调研员（Quote Investigator），又名贾尔森·欧图尔（Garson O'Toole），他的网站我常参考，感激不尽：https://quoteinvestigator.com。

4 丹·派蓬布灵（Dan Piepenbring），《"王子"之书》（The Book of Prince），《纽约客》（*New Yorker*），2019 年 9 月 9 日。

5 "谈谈我的书——它们多好翻阅"（Unto my Books—so good to turn）（J604，Fr512），霍顿图书馆（Houghton Library）（383c）：https://www.edickinson.org/editions/1/image_sets/235782。

6 《思考与道德关照》（Thinking and Moral Considerations），《社会研究》（*Social Research*）第 38 卷，第 3 期（1971 年秋），第 446 页。

7 塞缪尔·泰勒·柯勒律治（Samuel Taylor Coleridge），《莎士比亚讲稿（1811—1819）》（*Lectures on Shakespeare [1811-1819]*），亚当·罗伯茨（Adam Roberts）编，爱丁堡大学出版社（Edinburgh University Press），2016 年，第 32 页；托马斯·杰斐逊（Thomas Jefferson）致本杰明·摩尔（Benjamin Moore），约 1764 年，附于杰斐逊于 1814 年 8 月 30 日在蒙蒂塞洛写给约翰·麦诺（John Minor）的信中，收录于保罗·莱塞斯特·福特（Paul Leicester Ford）编，《托马斯·杰斐逊作品集》（*The Writings of Thomas Jefferson*），G. P. 普特南之子出版社（G. P. Putnam's Sons），1892—1899 年，第十一卷，第 424-425 页。

8 见他与约瑟夫·当纳（Joseph Dunne）的对话，《教育哲学杂志》（*Journal of Philosophy of Education*）第 36 卷，第 1 期（2002 年），第 1-19 页。

9　《学术问题》（*Academic Questions*）第 26 期（2013 年）。

10　麦克尔·欧克斯肖特（Michael Oakeshott），《人类谈话中诗歌的声音》（The Voice of Poetry in the Conversation of Mankind），《政治学中的理性主义及其他论文》（*Rationalism in Politics and Other Essays*），梅休因出版社（Methuen），1962 年，第 198 页。

11　瓦尔坦·格利高里安（Vartan Gregorian）接受宝拉·亚历山大（Paola Alexander）采访时说。见《艺术评论》（*Arts Review*）第 3 卷，第 2 期（1985 年），第 6 页。格利高里安把这个观点归功于艾略特对但丁的论述，但似乎是对《荒原》（*The Waste Land*）中这句诗的改造："我能连接／无物与无物"（第 301–302 行）。

感谢又感谢

> 思考（thinking）和感谢（thanking）
> 在我们的语言中是同源词。无论谁追
> 溯它们的意义，都会进入同一语义场
> 中："追忆"，"记得"，"纪念"，"忠诚"。
> 请允许我，立足于这一点，向你致谢。
> ——保罗·策兰（Paul Celan），
> 不来梅奖获奖演说（1958 年）

莎士比亚用的拉丁语课本的第一课中有这样一句话："amo magistrum"（"我爱吾师"）[1]。如今，我们在使用"大师技艺"（mastery）这类语言时总是如履薄冰，因为对我们而言，它意味着奴隶制那具有毁灭性的遗产。（换个不那么沉重的词吧：精湛技艺［virtuosity］。）但关于高超技艺，还存在更古老的形式。它们不是来自人们对权力的任性运用，而是来自在时间长河中逐渐获得的智慧。我相信，这本成型于长期学徒生涯的书，能够部分地对这样一个（与时代格格不入的）假设致以感谢。[2]

除了数十位小学、中学、大学和研究院的教师曾向我示范如何思考，我还有幸出身于一个教师门第。我的祖父在成为他们县学区的督学之前，曾经在一个只有一间屋子的学校里教书；我的外祖父在 1964 年被评为明尼苏达州的首席教师；我的父亲在大学里当教授，获了不少奖项。我的姑嫂、姨母、叔伯、堂表亲、我妻子家的亲戚、同学、朋友和邻居们都致力于锻造思想的工作。

本书是许多次交谈的成果，这些交谈受到了以下"令人愉悦的灵魂操场"[3]的供养：耶鲁大学（Todd Gilman，Tom Hyry，María Rosa Menocal，Alice Prochaska，和 Timothy Young）；亚拉巴马大学（Sharon O'Dair）；肯尼斯·博克学会（David Blakesley，Bryan Crable，和 Theon Hill）；森特学院（Mark Rasmussen 和 Philip White）；"什么是道？"（Jonathan Gil Harris，Scott Maisano，和 Sally Placksin）；罗德学院的米曼继续教育中心（John Rone，Susan Satterfield，和 Geoff Bakewell）；柏林巴德学院（Catherine Toal）；中心学校（Jon Greenberg）；阿格尼斯斯科特学院（Charlotte Artese 和 James Diedrick）；奥克兰大学的牛津不列颠研究项目（Michael Leslie）；国家人文联盟（Stephen Kidd 和 Duane Webster）；莎士比亚研究所（Peter Holland，Hester Lees-Jeffries，Mary Polito，James Siemon，和 Brian Walsh）；

南佛罗里达大学萨拉索塔－海牛分校（Valerie Lipscomb 和 Jonathan Scott Perry）；国家人文中心（Sarah Beckwith，Maria Fahey，Geoffrey Harpham，和 Donovan Sherman）；全美大学优等生荣誉协会（John Churchill）；密西西比州立大学（Tommy Anderson 和 Chris Snyder）；西南大学（Ed Burger 和 Michael Saenger）；普罗夫学校（Ian Brown 和 Paul Zeitz）；孟菲斯歌剧院（Ned Canty）；贝斯肖洛姆学校（Jonathan Judaken 和 Daniel Unowsky）；田纳西人文学院（Timothy Henderson）；密西西比大学（Ivo Kamps，Karen Raber，Jason Solinger，和 Joseph Ward）；圣斯科拉迪迦学院（James Crane，Shelley Gruskin，Bill Hodapp，和 Stephanie Johnson）；伟大之心学院联盟（John Briggs，Scott Crider，Robert Jackson，Koos van Leeuwen，和 Gregory Roper）；大灯塔电台（Dave Goldberg）；莎士比亚环球剧场（Farah Karim-Cooper 和 Will Tosh）；奥斯丁学院（Max Grober，Marjorie Hass，Dan Nuckols，和 Will Radke）；狄金森学院（Carol Ann Johnston，Margaret Mauer，和 Jacob Sider Jost）；洛桑大学（Lukas Erne，Kader Hegedüs，Rachel Nisbet，和 Kirsten Stirling）；日内瓦大学（Aleida Auld，Lukas Erne，Oliver Morgan，Maria Shmygol，和 Devani Singh）；格林尼尔学院（Louis Jenkins 和 Ellen Mease）；摩根图书馆（John Marciari）；孟菲斯自由学校（所有教职工！）；罗德学院教员（Noelle Chaddock，Timothy Huebner，David Rupke，和

Betsy Sanders）；西田纳西州立监狱（Stephen Haynes 和所有学生）；苏黎世大学（Elisabeth Bronfen，Philip Sarasin，和 Barbara Straumann）；美国莎士比亚学会（Anston Bosman，Marjorie Garber，John Guillory，Heather James，Natasha Korda，Jeffrey Masten，Carla Mazzio，Lena Cowen Orlin，和 Dyani Johns Taff）；伦敦罗德暑期学校（Vanessa Rogers）；俄亥俄峡谷莎士比亚会议（Russell Bodi，Timothy Francisco，Philip Goldfarb Styrt，Carol Mejia LaPerle，Jimmy Newlin，和 Nate Smith）；达拉斯大学（Kathryn Davis，Jonathan Malesic，Andrew Moran，Stefan Novinski，Gregory Roper，Will Roudabush，和 Christopher Schmidt）；圣托马斯大学（Michael Boler，Clinton Brand，Christopher Evans，Janet Lowery，和 Samuel Shehadeh）；田纳西大学 – 查塔努加分校（Bryan Hampton，Joseph Jordan，Devori Kimbro，Emily Lindner，Aaron Shaheen，和 Carl Springer）；玛丽蒙特大学（Tonya-Marie Howe 和 Marguerite Rippy）；伦敦沃伯格研究所（Brian Chalk，William Engel，Andrew Hiscock，Rory Loughnane，Peter Sherlock，Bill Sherman，和 Grant Williams）；弗尔哲莎士比亚图书馆（Rachel Dankert，LuEllen DeHaven，Ross Duffin，Marissa Greenberg，Amanda Herbert，Rosalind Larry，Kathleen Lynch，Sara Pennell，Camille Seerattan，Abbie Weinberg，Owen Williams，尤其是 Mike Witmore）。

本书的更早尝试出现在《高等教育内观》(*Inside Higher Ed*)、《第16章》(*Chapter 16*)、《高等教育编年史》(*Chronicle of Higher Education*)、《完美的杜鲁斯一日》(*Perfect Duluth Day*)、《劳特利奇莎士比亚及古典文献研究导读》(*The Routledge Research Companion to Shakespeare and Classical Literature*)、《牛津莎士比亚与戏剧表演手册》(*The Oxford Handbook of Shakespeare and Performance*),以及《文学教学调查》(*Teaching the Literature Survey*)。有多位学者打磨了我的语言,包括:Scott Jaschik, Margaret Renkl, Alex Kafka, Paul Lundgren, Sean Keilen, Nick Moschovakis, James Bulman, Gwynn Dujardin, James Lang,和John Staunton。许多读者也曾与我分享他们对教育的焦虑和抱负,给我带来启发。

罗德学院给了我一个能思考莎士比亚的平台,无论是在教室里,与同行的教师们一道,在监事会的讨论中,或是在皮尔斯莎士比亚基金会邀请来的访客之中。我从未能与爱丽丝·安耐特·皮尔斯博士(Dr. Iris Annette Pearce)相见,但她的遗赠让上千名孟菲斯学者有了丰富的谈资,本人尤其如此。我感恩罗德学院英语系的同事们令我保管她的馈赠,所有同事都帮助我打磨了思想。Lori Garner 让我不会在词源学中偏离太远,在神学上我得到了 Patrick Gray 的类似帮助,Tim Huebner 在公民权问题上、Seth Rudy 在才智问题上、Susan Satterfield 在拉丁语方面、Caki Wilkinson 在诗学方面，以及 Lorie Yearwood 在票据的事上都给予我许多支持。在巴莱特图书馆，Darlene Brooks，Rachel Fineman，Amanda Ford，Marci Hendrix，Kenan Padgett 和势不可挡的 Bill Short 都扩充了我的材料库。Bob Entzminger，Brian Shaffer，Jenny Brady 和永远挑剔的 Michael Leslie 都使得已死之木比活人之唇更有福气*。我的散文被迈克（Michael Leslie）羽饰过，因此他算得上是一位幕后编辑。

我的父母亲最早教我学会思考（虽然他们有时并不满意这结果！）。

Tim Blackburn 是第一个教会我像莎士比亚那样思考的人。

Scott Samuelson 有一次怜爱地用一首题为"论脚注之必要性"的诗取笑我。在之后的三十年之中，他启发我用"自己的半个灵魂"[4] 严谨做注。

正如 Rebecca Solnit 注意到的：

> 思考在一个以产出为中心的文化中被普遍看作无所事事，而真的无所事事是很难的。最好把它伪装成做了什么的样子，而走路就是与无所事事最接近的事。[5]

---

* 引自莎士比亚第 128 首十四行诗。诗中的"已死之木"指木制乐器，因诗人所爱者用手指倾情地演奏而蒙福。"活人之唇"表达诗人对情人的亲吻的渴望。

这本书的大部分都是在我与 Peter Lund 和 Todd Sample 一同无所事事时推敲出来的。

Catherine Toal 的快速（而又机智）的阅读让我相信这真的是一本书。

John Guillory 鼓励我永远不要为我们所做的道歉，而是清楚又积极地解释它。如果我这么做了，我感到抱歉——等等，我收回这句话！

我终于可以报复那灵巧的合作者 Ayanna Thompson 给我贴的标签了：你太棒了。

Jim 和 Taryn Spake 给了我一个房间——真的，一间属于自己的小木屋。

Bob 和 Sara Nardo 向我示范了什么是自由。Danny Kraft 无愧于他的姓。[*] Margot Studts 在我做最后冲刺时为我喝彩。

太初有对话[†]：我要感谢 Claudia 和 Larry Allums，Florence Amamoto，John Andrews，Sarah Bakewell，Burlin Barr，Emiliano Battista，David Beard，Roger Berkowitz，Claude Brew，Leslie Brisman，David Bromwich，Vinessa Brown，Jennifer Bryan，Phil Bryant，Richard Burt，Michael Cavanagh，Stanley Cavell，Thad Cockrill，Neal Colton，John Curry，David Dault，Chris Davis，Brent Dexter，Elizabeth Dobbs，

---

　　*　Kraft 的意思是"手艺"。
　　†　这句话的英文戏仿了《约翰福音》第一章的第一句，"太初有道"（in the beginning was the Word）。

Michelle Dowd，Jerry Duncan，Mark Edington，Eric Eliason，
Sarah Enloe，Cookie Ewing，Deborah Forsman，Cary Fowler，
Bill Germano，Richard Gibson，Leonard Gill，Joe Gordon，
Heidi 和 Matt Graham，Austin Grimes，Charles Hacker，
Donal Harris，Ben Harth，Don Hirsch，Sarit Horwitz，Nick
Hutchison，Alan Jacobs，Andre 和 Dorothy Jones，Mike Judge，
Peter Kalliney，Andrew Keener，John Kenney，Robert Khayat，
Timothy Kirchner，Elizabeth Knoll，David Kotok，Mitch 和
Nivine Kotok，Rachel Kotok，Jonathan Lamb，John Latimer，
Elise 和 Preston Lauterbach，Margaret Litvin，Alan Liu，Bob
Llewellyn，Jill Locke，Julia Lupton，Jamie MacDougall，Karen
Marsalek，John McGee，Katie McGee，Scott McMillin，Chris
Mills，Daniel Morgan，Thomas Moore，Will Murray，Johann
Neem，Jim Nephew，Charlie Newman，Peter Nilsson，Donal
O'Shea，Gene Palumbo，Suzie Park，Andrew Parker，Geo
Poor，Rachel Potek，Bill Pritchard，Ray Privett，Sharon
Prizant，David Randall，Jonathan Rees，Jessica Richard，
Michael Roth，Aaron Rubinstein，Abe Schacter-Gampel，
Christine Schlesinger，James Shapiro，Russell Shapiro，Marc
Shell，Jamie Sirico，Emma Smith，Michael St. Thomas，Joyce
Sutphen，Michael Swanlund，Brian Thompson，Henry Turner，
Krista Twu，Greg Vanderheiden，Helen Vendler，Eric
Vrooman，Josh Waxman，Robert Watson，C. C. Wharram，

Bronwen Wickkiser，Daniel Williams，以及帮助我清晰表述为什么要这么做的无数学生。

普林斯顿大学出版社对我而言一直是智慧的工坊。Peter Dougherty 使这一计划得以实行。Anne Savarese 时而催促，时而耐心等待，把握得恰到好处。她征集到了赞同这一独特题材的读者。Dimitri Karetnikov 与我一同思考过插图，而 Lauren Lepow 那敏锐的头脑让她成为本书最理想的文稿编辑。Lorraine Doneker 使这挑剔的版式变得无可挑剔。Brigid Ackerman，Lisa Black，Claudia Classon，Katie Lewis，Jodi Price，Laurie Schlesinger 和 Jenny Tan 都曾慷慨地为我那止不住的调研铺路。

成为人父以许多未曾听说和未曾预见的方式，使我对教育的看法在瓦解后终于趋近真实。我需要感谢 Ruth Lillian，Axel Felix 和 Pearl Jeanne，他们都是孜孜不倦的思考者。就像泰门的画师那样，他们不停地问："爸爸，您的作品何时出版？"[6] 谢谢你们那么有耐心！

我也把这本书献给锲而不舍的莎拉（Sarah）："与你适时而欢快的谈话是最主要和高贵的结果。"*

＊ 莎拉是作者妻子的名字。原文中的 "meet and happy conversation is the chiefest and the noblest end" 来自弥尔顿的名言"上帝的原意是让婚姻以适时而欢快的谈话为最主要和高贵的结果"，出自《论恢复离婚的教义及法则对两性的益处》（The Doctrine and Discipline of Divorce Restored to the Good of Both Sexes）。

◠⁀ 注释 ⁀◡

1　威廉·黎里（William Lily）的《语法简论》（A Shorte Introduction of Grammar），1549 年，引自林·恩特兰（Lynn Enterline）的《莎士比亚的教室》（*Shakespeare's Schoolroom*），宾夕法尼亚大学出版社（University of Pennsylvania Press），2012 年，第 24 页、第 64 页。

2　致谢部分的标题取自《第十二夜》（第三幕第三场第 14—15 行）。我教过的学生米娅·葛斯林（Mya Gosling）在她的漫画《给脑子挠个痒》（*Good Tickle Brain*）中讨论了这句台词的编辑史，见《并永远感谢？》（And Ever Thanks?）（2016 年 11 月 24 日）：https://goodticklebrain.com/home/2016/11/24/and-ever-thanks。

3　约翰·阿莫斯·夸美纽斯（John Amos Comenius），引自约翰·爱德华·萨德勒（John Edward Sadler）的《J. A. 夸美纽斯与普及教育的概念》（*J. A. Comenius and the Concept of Universal Education*），邦诺书店（Barnes and Noble），1966 年，第 209 页。

4　Animae dimidium meae，引自贺拉斯（Horace），《赞歌集》（*Carmina*）（第一部第三首第 8 行）；另见马克·布洛赫（Marc Bloch），《致吕西安·费弗尔》（To Lucien Febvre），《历史学家的手艺》（*The Historian's Craft*, 1954），彼得·普特南（Peter Putnam）译，曼彻斯特大学出版社（Manchester University Press），1984 年，第 2 页。

5　《不住旅行：行走的历史》（*Wanderlust: A History of Walking*），企鹅出版社（Penguin），2005 年，第 5 页。

6　《雅典的泰门》（第一幕第一场第 27 行）。

译后记

> 世上的事情本来没有善恶，都是个人的思想把它们分别出来的。
>
> ——《哈姆雷特》第二幕第二场第268行[1]

莎士比亚的作品自十七世纪以来从未停止为"人类命运共同体"发声：有无数来自不同语言文化背景的人曾因受他的戏剧或是诗歌启发而重新思考人性与人类社会，至今研究莎士比亚的专著和文章仍层出不穷。文学研究者最习惯于面对的问题是：为什么莎士比亚的剧作和诗歌能跨越诸多文化屏障，引人入胜，经久不衰？本书的作者斯科特·纽斯托克虽然在早期现代英语文学研究领域颇有建树，但他撰写这本书的意图却是带领读者从教育学的角度看待莎士比亚其人其作。因而主导书中论述的是这样一些问题：

莎士比亚的剧作为何能对人性有如此深刻的摹写？莎士比亚是如何成为这样一位剧作家的？他在文艺复兴的英国受到的教育有什么特别之处？现代人能从这教育中得到哪些启示？这些问题不常被人提出，但找到它们的答案无论对个人还是对世界命运共同体来说都有深远的意义。对一个热爱英国文学的人而言，能像埃文河畔的诗家那般思考，深刻地省察人心之动向，或在重大冲突时刻用几句话点破谜局，足以成为毕生的梦想。而从更广的角度来看，如果某种教育环境能让更多年轻人成长为像莎士比亚一样勤勉且睿智的思考者，则整个社会在面对特殊而艰难的新问题时，就能获得更及时、更准确的启示。

　　无论在东方还是西方，现代教育都因人类生活方式的变化而面临一些新的问题，比如人工智能带来的职业以及学科转型，远程教育技术对传统课堂的冲击，无处不在的过量信息造成的注意力分散，高利害考试及补习班的泛滥，大学课堂与就业市场需求之间的不对等。这些问题仿佛早已远离了莎士比亚的时代，但本书作者让我们看到，很多问题的解药还是应当从历史和传统中找寻。纽斯托克生活在二十一世纪的美国，从哈佛大学取得博士学位后，又在耶鲁大学读博士后，先后任教于多所高校，且为三个孩子的父亲。他熟知现代美国教育体系中的长处与弊端，而他的相关经历让他在观察文艺复兴时期的英国教育时能跨越时空的距离，照亮那个时代的一些晦涩内容，从而让容易被忽视的恒久教训如同矿井中的宝藏般发出光辉。作者在后记中说，他希望这本书是一本"为杰出共同体服务的手册"。在这样的共同体中，教育的任务是培养出具有匠人精神的服务者，懂得借助他人智慧、尊重传统并善于传承文化精髓的作家和艺术家，以及守护精神自由并善于发掘创造性的领导者。其中那些最擅长思考的个体不仅可能存在于著名大学的校园中或是尖端企业的团队里，也可能出现在任何一个运动场、办公室，或监狱的讨论课上。

在一个人人都习惯于依靠机器完成重复性劳动、信息记忆和提取，以及复杂运算的时代，人的思维能力及价值面临着前所未有的质疑和挑战。在这样的时代背景下，重新审视传统教育中的思维训练是中西方共同面对的重大课题。相对于西方现代教育，西方传统教育的核心体系就是作者多次提到的"liberal arts education"———一般译为"通识教育"或者"人文教育"。最早的人文教育，往往统称"七艺"（the seven liberal arts），自欧洲中世纪大学出现前夕已有发展。"七艺"包括源自古希腊毕达哥拉斯学派和亚里士多德提出的四大自然科学"艺术"（天文、数学、几何、音乐，以下简称理科四艺，"the Quadrivium"）和三大语言"艺术"（文法、修辞学、逻辑辩证，以下简称文科三艺，"the Trivium"）。[2] 生活在六世纪的罗马哲学家波依提乌斯（Boethius）发展了理科四艺的传统，将希腊语的亚里士多德著作，尤其是算术、音乐、几何学和天文学的相关论述翻译成拉丁语，其中的《论音乐学》（*De institutione musica*）于十五世纪在威尼斯仍被印刷成册，直到十八世纪仍然被用于音乐教学，足见其影响之深远。[3] 生活在十二世纪的牛津大学学者罗伯特·戈罗塞泰斯特（Robert Grosseteste, 1168—1253）也发展了以自然规律为研究对象的四大理科，并增加了物理学，尤其是光学的分支。[4] 而略早于戈罗塞泰斯特的索尔兹伯里的约翰（John of Salisbury, 1115/20—1180）在《论三艺》（Metalogicon）一书中为文科三艺——文法、修辞学和逻辑学——辩护。这些学科分支普遍存在于中世纪的大学中，并作为预备进一步学习医学、法律及神学等专业的学生的通识教育传统一直延续至文艺复兴时期。[5]

"七艺"教育看似与中国古代的"六艺"相近，然而细察其学科构成及教育目的，就会发现欧洲的"七艺"与中国周朝的"六艺"（礼、乐、射、御、书、数）或是汉代以后的"六艺"（诗、书、礼、乐、易、春秋）有本质区别。这种区别从"六艺"的英文翻译（six skills）可见一斑——其中的"艺"没有被翻译成"art"，因为其含义更接近技能（skill）。周朝的贵族教育体系重于培养服务于政治生活的实用技能和知识，与卡斯提里奥涅（Baldassare Castiglione）眼中文艺复兴时期廷臣的必备技艺锦囊倒有异曲同工之妙。[6] 而"七艺"人文课程涉及的知识对象更为抽象，不仅包括文理通识学科，而且在教育过程中更注重训练基本思维方法，以及培养和改善思维习惯。不过莎士比亚并未接受正规的大学教育，这使他区别于同时代的那些"大学才子"（University Wits）——尤其是克里斯托弗·马洛（Christopher Marlowe）、罗伯特·格林（Robert Greene）、乔治·皮尔（George Peele）、托马斯·洛奇（Thomas Lodge）和约翰·黎里（John Lyly），也成了后者对他的成就表示不屑的原因。[7]然而从"七艺"的传统分科以及欧洲中世纪大学的课程设置可以看出，通常将"liberal arts"译为"人文教育"是因为这种教育意在使人拥有自由思想所需的基本工具，并且是哺育人文主义（humanism）的襁褓。而英国年轻人在大学前接受的教育，也就是本书第九章描述的那种拉丁语练习和第十章中提到的那一类问答对话，都仿佛为"七艺"中更为细致和精密的思辨训练预先热身。莎士比亚在文法学校装备了头脑之后，并没有进入大学继续受教，而选择了走一条完全不同的道路。但本书的论述显明，莎士比亚曾得益于这种以训练思维方法而非实用技巧为目的的教育体系，并有效使用了在这样的环境下生出的丰富人文资源。

教育的一个传统话题是人的自然天性（nature）与后天培养（nurture）的辩证关系。索尔兹伯里的约翰曾如此论述天性与学艺的关系：

　　　　"艺术"（art）指根据理性而设计出的系统，它使人能经由它自身的便捷而在我们天赋才能（natural abilities）的范畴之内把事情做得更好。理性不以完成不可能之事为目的，也并不宣称要达到这样的目标。它的目标是用直截了当的方法完成可能之事以取代自然天性（nature）中那些挥霍且迂回的手段。而后它就培育出使人完成困难之事的能力。希腊人称之为"methodon"，即有效方案。它的目的是避免自然天性的浪费，并使它那迂回曲折的闲散漫步变得直达目的，好教我们更准确且简易地完成我们要做之事。[8]

索尔兹伯里的约翰试图说明，自然天性为理性引导的教育方案提供了可进一步加工、简化的质料。因而后天的思维训练不仅高于天性，并且为天性能更好地为人所用提供了必要工具。特定技巧或者技术如同已经成型的产品。教育关注的主要对象，不应当仅仅在于技巧之获得，更应在于形成技巧的方法，或理性工具。因为后者是保证前者不断优化的必要条件。这些理性工具需要目的清晰、方法明确的思维训练，才能帮助人有效地实现目的。这一段论述是他在为修辞学和逻辑学辩护时，针对时人持有的"能言善辩为天生禀赋，与训练方法无关"一类观念有感而发的。本书从多个角度说明，莎士比亚的文学成就虽然与他的天生禀赋密切相关，但是也与他所受的教育息息相关。而生于手套工坊主之家的莎士比亚在语言创作领域所取得的成功，也足以印证索尔兹伯里的约翰表述的教育观。

纽斯托克在描述文艺复兴时期教育理念的同时，试图更正现代人容易持有的某些错误或是含混的概念。比如，第八章"模仿"说明莎士比亚的时代对"抄袭"或"借用"他人作品有更为宽容的看法。复制或者借用别人的想法甚至字句在当时不仅不被当成原创性的大敌，反倒被看作一个学习者成为创作大师的必经之路。另外，大量循规蹈矩甚至是重复性的训练不仅能够培养出良好的思维习惯，更能培养出真正的创造力——要想找到自己的声音，就要先学会"像别人一样说话"[9]。在第十三章中，作者扩充了"制造"的意义，使用语言工具进行创作的人也被列在制造者的行列，并在制造的过程中塑造自我。这种洞见足以让"文科并不带来实际产出"之类的偏见消融。最后，作者通过黑人思想家詹姆士·鲍德温的自述瓦解了那种针对文化遗产所有权的偏执狭隘的国界观念："我是时代、境遇、历史所制造出来的那个我，没错，但我也是比那些多得多的存在。我们每一个人都是如此。"[10]这意味着每一个喜爱莎士比亚，或热衷其他语言的名家名作的人，都应能跨越文化、国别、肤色和语言，毫不羞涩地继承那属于人类命运共同体的文化遗产，并知道自己有权利将莎士比亚般的头脑"据为己有"。在教育向着以营利为驱动的商业模式靠拢、国界间的壁垒再度高升的后疫情时代，重申精神资源的共有产权无疑应让教育者和受教育者感到振奋。

　　教育的目的及方法为本书的核心论题，而纽斯托克多年来研究莎士比亚积累的经验智慧及他本人对美国现代教育的独特洞见渗透了书中的每个字句。无论在美国还是在中国，这样一部博采众长、雅俗共赏的教育手册同时也是一件精心锻造、怡情乐性的艺术品，应能给许多人带来启发。感谢本书编辑翁绮睿女士的帮助及支持，我有幸翻译整部作品且在过程中细细品味书中智慧，至今犹觉余音绕梁。此处浅浅几句，不能详尽说明我在阅读和翻译过程中的丰富收获，唯愿读者翻阅本书之时更有所得。

张素雪

2021 年 10 月于北京

注释

1　此句原文是 "there is nothing either good or bad, but thinking makes it so"，译文引自朱生豪译本。

2　詹姆士·A. 怀斯赫珀（James A. Weisheipl），《中世纪大学中的人文科系构成》（The Structure of the Arts Faculty in the Medieval University），《不列颠教育研究期刊》（*British Journal of Educational Studies*）第 19 卷，第 3 期（1971 年），第 263–271 页。

3　迈克尔·弗尔涅（Michael Fournier），《波依提乌斯与四艺的慰藉》(Boethius and the Consolation of the Quadrivium),《中世纪与人文主义》(*Medievalia et Humanistica*), 保罗·莫里斯·克洛甘（Paul Maurice Clogan）编, 罗曼与利特菲尔德出版社（Rowman & Littlefield Publishers, Inc.）, 2008 年, 第 1–21 页。加尔文·M. 波尔（Calvin M. Bower）,《古典音乐理论在中世纪的传承》(The Transmission of Ancient Music Theory into the Middle Ages),《剑桥西方音乐理论史》(*Cambridge History of Western Music Theory*), 托马斯·克里斯蒂安森（Thomas Christensen）编, 剑桥大学出版社（Cambridge University Press）, 2001 年, 第 136–167 页。让－伊夫斯·吉约曼（Jean-Yves Guillaumin）,《波依提乌斯的〈论音乐原理〉及其对后世的影响》(Boethius's *De institutione arithmetica* and its Influence on Posterity),《中世纪的波依提乌斯导读本》(*A Companion to Boethius in the Middle Ages*), 小诺埃尔·哈罗德·凯勒（Noel Harold Kaylor Jr.）与菲利普·爱德华·菲利普斯（Philip Edward Phillips）编, 2012 年, 博睿出版社（Brill）, 第 135–161 页。

4 罗伯特·J. 帕尔马（Robert J. Palma）,《戈罗塞泰斯特的学科排序》(Grosseteste's Ordering of Scientia),《新经院》(*The New Scholasticism*) 第 50 卷, 第 4 期（1976 年）, 第 447–463 页。

5 詹姆士·A. 怀斯赫珀（James A. Weisheipl）,《中世纪大学中的人文科系构成》(The Structure of the Arts Faculty in the Medieval University),《不列颠教育研究期刊》(*British Journal of Educational Studies*) 第 19 卷, 第 3 期（1971 年）, 第 263–271 页。

6 在卡斯提里奥涅的《廷臣之书》(*The Book of The Courtier*, 1528) 中提到一些廷臣的必备技能, 包括优雅的举止礼仪, 礼貌合宜的谈吐, 通晓世故, 表现出美好德行, 熟知古典文献

  和语言，能唱能弹，懂得下棋、骑马、打猎 、投掷之术，
等等。

7 本书第四章"合宜"提到其中一些人的名字，他们虽然曾进
  入大学接受教育，但他们的出身背景与莎士比亚相仿，都有
  从事手工行业的父亲。在第十四章"自由"中特别提到罗伯
  特·格林讥讽莎士比亚是"杂而不精的万金油"，也是因为看
  不起莎士比亚的教育背景。

8 索尔兹伯里的约翰，《论三艺》第十一章，据英译本翻译成
  中文。*The Metalogicon of John of Salisbury: A Twelfth-Century
  Defense of the Verbal and Logical Arts of the Trivium*（Peter
  Smith: Gloucester, Mass.），1971, trans. by Daniel D. McGarry.
  P.33.

9 见本书第九章，第 149 页。

10 见本书第十四章，第 236 页。

出　版　人　李　东
责任编辑　翁绮睿
版式设计　郝晓红
责任校对　白　媛
责任印制　叶小峰

图书在版编目（CIP）数据

像莎士比亚一样思考：创造力教育的历史之镜 /
（美）斯科特·纽斯托克（Scott Newstok）著；张素雪
译 . —北京：教育科学出版社，2022.3
书名原文：How to Think Like Shakespeare:
Lessons from a Renaissance Education
ISBN 978-7-5191-2956-9

Ⅰ.①像…　Ⅱ.①斯…②张…　Ⅲ.①创造性思维—
教育方法　Ⅳ.① B804.4

中国版本图书馆 CIP 数据核字（2022）第 028805 号

北京市版权局著作权合同登记　图字：01-2021-6156 号

像莎士比亚一样思考：创造力教育的历史之镜

XIANG SHASHIBIYA YIYANG SIKAO : CHUANGZAOLI JIAOYU DE LISHI ZHI JING

出 版 发 行	教育科学出版社				
社　　　址	北京·朝阳区安慧北里安园甲 9 号		邮　　　编	100101	
总编室电话	010-64981290		编辑部电话	010-64981252	
出版部电话	010-64989487		市场部电话	010-64989009	
传　　　真	010-64891796		网　　　址	http://www.esph.com.cn	
经　　　销	各地新华书店				
制　　　作	北京浪波湾图文设计有限公司				
印　　　刷	中煤（北京）印务有限公司				
开　　　本	787 毫米 ×1092 毫米　1/32		版　　　次	2022 年 3 月第 1 版	
印　　　张	9.25		印　　　次	2022 年 3 月第 1 次印刷	
字　　　数	167 千		定　　　价	49.00 元	

图书出现印装质量问题，本社负责调换。

How to Think Like Shakespeare：Lessons from a Renaissance
Education
by Scott Newstok

Copyright © 2020 by Princeton University Press

本书简体中文版由 Princeton University Press 通过 Bardon
Chinese Media Agency 授权教育科学出版社有限公司独家翻
译出版，未经出版社书面许可，不得以任何方式复制或抄
袭本书内容。

版权所有，侵权必究。